EN ALGÉRIE

PETITE BIBLIOTHÈQUE POPULAIRE

Camille VIRÉ

EN
ALGÉRIE

UNE EXCURSION

DANS LE

DÉPARTEMENT D'ALGER

« .....Disons bien haut à nos concito-
» yens que venir en Algérie, ce n'est
» pas émigrer, encore moins s'expatrier.
» Répétons-leur que l'Algérie est aux
» portes de la France,..... que le climat
» y est aussi sain,..... que le sol Algé-
» rien..... sera un jour le jardin de la
» France et le cellier de l'Europe, car
» il est d'une richesse incomparable, il
» se prête à toutes les cultures. »

(TIRMAN, Gouverneur général. —
Discours du 15 Novembre 1886.)

CHARLES BAYLE, ÉDITEUR
à Paris, 16, rue de l'Abbaye.

1888

PRÉFACE

---

*Ce petit livre n'est pas un traité technique !
ce n'est pas non plus un simple recueil de descriptions purement pittoresques. Toutes les grandes
questions d'intérêt général qui peuvent préoccuper
la France d'Afrique et la France d'Europe y
sont tout au moins esquissées. Mais on n'a pas
voulu faire de ces questions spéciales des chapitres
spéciaux, souvent arides et ennuyeux à lire : on
a préféré suivre une méthode moins scientifique
peut-être, à coup sûr plus vivante. Instruire en
intéressant, tel est le but qu'on s'est proposé ici.
On a suivi l'ordre géographique et décrit brièvement les différentes régions naturelles de la Mer
au Désert. On a intercalé, à mesure qu'elles se
présentaient les grandes questions d'administration, de peuplement, de défense, les grands problèmes de l'autonomie ou de l'assimilation, de
la situation légale et de la situation de fait des
étrangers, etc. Sur ces questions si importantes,
les meilleurs esprits ne sont pas toujours d'accord. On ne peut se flatter ici de trancher défini-*

tivement le débat : on a au moins la conscience d'avoir, avec une entière bonne foi, donné son opinion sur ce qui semblait être l'intérêt général de la Patrie française.

On espère ainsi avoir fait œuvre utile de vulgarisation scientifique tout en conservant à ce petit ouvrage, le cadre plus attrayant d'un récit de voyage.

AVANT-PROPOS

COUP D'ŒIL GÉOGRAPHIQUE

SUR

L'ALGÉRIE

L'Algérie n'est pas un tout géographique. — Le Magh'reb. — Les routes du Soudan. — Français, Italiens, Anglais. — Relief de l'Algérie. — C'est un pays puissamment charpenté. — Tell. — Hauts-Plateaux. — Sahara. — Météorologie. — Les climats de l'Algérie. — Les cours d'eau. — Le littoral. — Le sous-sol. — Le sol. — Les routes. — Les chemins de fer. — Le commerce. La population.

L'Algérie n'est pas un tout géographique : c'est une fraction d'un ensemble que les Arabes appellent Magh'reb ou Couchant et qu'ils divisent politiquement en Couchant le plus rapproché (Tunisie), Couchant du milieu (Algérie), Couchant le plus éloigné (Maroc).

Si d'Ifni sur l'Océan Atlantique à Gabès sur la Méditerranée, on tirait une ligne droite, on délimiterait un vaste trapèze de 2,000 kilomètres de longueur sur 500 de largeur, et ce trapèze serait le Magh'reb ou Berbérie.

Baigné sur trois côtés par la mer, — Atlantique et
Méditerranée, — le Magh'reb est une presqu'île fortement soudée au continent, mais s'en distinguant
néanmoins par sa constitution géographique et son
caractère propre.

Des trois pays du Magh'reb, 2 subissent déjà notre
influence, — l'Algérie et la Tunisie, — le 3e n'y
échappera sans doute pas.

Si, géographiquement, ce pays est une presqu'île,
par son isolement il est plutôt pareil à une île que
battent à l'est, au nord, à l'ouest les flots verts ou
céruléens de la mer, et au sud les flots jaunes du
grand plateau de sable du Sahara. Mais les flots de la
mer sillonnés par les navires à vapeur ne séparent
plus, ils unissent. Quant aux flots du désert de
sable, les locomotives parties d'Alger, d'Oran, de
Constantine ou de Tunis les parcoureront bientôt.

Tout le Magh'reb est bien un seul et même pays,
un pays distinct du reste du continent africain.
Cette presqu'île à large base, à faibles articulations
marines ressemble beaucoup à l'autre presqu'île qui
termine au sud la masse africaine. Le pays du Cap de
Bonne-Espérance, l'Afrique Australe, comme disent
les Anglais, est, comme le Magh'reb, une presqu'île
délimitée par la mer et par un désert. Les mêmes
causes qu'au nord ont produit le Sahara, ont fait
naître au sud le Kalahari. Seulement comme la masse
septentrionale de l'Afrique a plus d'épaisseur que
la masse australe, et comme les vents qui y soufflent
ont passé sur l'énorme continent d'Asie, le désert du
nord est plus long et plus large que le désert du sud.
Mais à tous les points de vue le Magh'reb l'emporte
sur le Cap, et sa position aux portes de l'Europe

le rend infiniment plus précieux. Le Sahara seul le sépare des riches contrées du Soudan. Sans doute, de Tripoli que convoitent les Italiens, la route est plus courte, mais Tripoli n'est qu'un chemin commercial, ce n'est pas un pays de peuplement. Même commercialement, la vallée du Nil vaut mieux que Tripoli. Reste à savoir qui s'y établira, des Anglais de Souakim ou des Italiens de Massaouah. Reste même à savoir s'il ne surviendra pas un 3e larron.

Quoi qu'il arrive, notre situation est et restera bonne en Afrique, car l'Algérie est déjà mise en valeur et la Tunisie suit le mouvement. Par 4 côtés, nous attaquons le Soudan. Du Cap Blanc sur l'Atlantique à la colonie anglaise de Sierra Leone, la côte est. presque sans interruption, française sur une longueur de près de 1,800 kilomètres et le drapeau tricolore flotte sur le Niger. Nos établissements du golfe de Guinée nous permettent de surveiller ce qui se passe entre Sierra-Leone et l'Equateur. Enfin, le Congo français, plus grand déjà que la France nous donne pied dans l'Afrique centrale. En dehors des routes du Soudan, sur la côte orientale de l'Afrique, Obock peut devenir important, et Madagascar, aussi grande que la France, a l'immense avantage d'être une île où nous pouvons être complètement chez nous.

L'Algérie, avec 1,000 kilomètres de côtes, plus de 800 kilomètres de profondeur à l'heure actuelle, une superficie notablement plus grande par conséquent que celle de la France, est à 27 heures de Marseille, à 44 heures de Paris. Elle n'est encore qu'un embryon. Elle grandira sûrement à l'ouest et au sud ; la vitalité de la race française qui y naît en est la preuve.

Le pays algérien, puissamment charpenté, n'est pour ainsi dire qu'un vaste plateau montueux composé de chaînes et de chaînons dirigés dans tous les sens, de massifs houleux et inextricables, de grandes plaines onduleuses ou tout à fait planes, de bassins fermés et souvent desséchés, bref un enchevêtrement chaotique, où les eaux s'ouvrent avec difficulté un chemin à travers de longs conduits qui les mènent soit à la mer, soit dans des lacs isolés ou même qui les envoient se perdre dans les sables du Sahara.

Tel apparaîtrait, vu d'une hauteur suffisante, l'ensemble du pays algérien. Mais en l'examinant plus attentivement, on ne tarderait pas à s'apercevoir que cet ensemble se divise naturellement en plusieurs zônes distinctes et qui sont du nord au sud le Tell — (dans le département d'Alger, le pays de collines entre la mer et la plaine prend le nom spécial de Sahel), — les Hauts Plateaux, le Sahara.

Le Tell va de la mer aux Hauts Plateaux. C'est une région montueuse avec des plaines dans les intervalles des montagnes. L'Atlas tellien, long massif qui part de la côte atlantique du Maroc et va finir en Tunisie, termine le Tell.

Le Tell présente d'abord une série de chaînons parallèles au littoral, et qui se nomment en allant de l'ouest à l'est, collines des Traras, — massif du Dahra entre Mostaganem et Cherchell, au nord du Cheliff, — Sahel d'Alger, — Sahel de Collo — et massif de l'Edough entre Philippeville et Bône.

Derrière ce pays de collines s'ouvre une suite de plaines allongées. Les plus remarquables de ces plaines sont : dans le département d'Oran, la grande plaine entre Tlemcen et Sidi-Bel-Abbès, la plaine du Sig, la

plaine du Cheliff inférieur ; dans le département
d'Alger, la plaine de la Mitidja, la plus grande et la
plus importante de toutes ; dans le département de
Constantine, les plaines ne sont, à proprement parler,
que le débouché des vallées vers la mer, car le chaos
des montagnes de la Kabylie y serre la côte de près.
Cependant la plaine de Philippeville est largement
ouverte et celle de Bône atteint presque la moitié de
la superficie de la Mitidja.

Des massifs, 2 ou 3 fois plus élevés que les collines
de la côte viennent ensuite. L'épaisseur de ces massifs
improprement désignés sous le nom général de Grand
Atlas est considérable : ils forment une chaîne presque
ininterrompue, coupée seulement d'étroites vallées
longitudinales où passent les rivières. De la frontière
marocaine à la frontière tunisienne il n'y a pas moins
de 10 massifs montagneux, (Monts de Tlemcen
(1,900 mètres), — massif du Tessala autour de
Sidi-bel-Abbès, — Monts de Saïda près de Saïda
(1,300 mètres), — massif de l'Ouarensenis entre le
Cheliff et la Mina, et qui s'élève à plus de 2,000
mètres, — Monts du Titteri dont la Mouzaïa (1,650
mètres) près de Médéa, est un des principaux
sommets, — massif du Djurjura ou de la Grande
Kabylie, (sa plus haute crête le Djebel-Lella-Khre-
didja se dressant à 2,330 mètres) — massif d'Au-
male, composé de 2 chaînes, les Biban (1,800 mètres)
et les monts du Hodna (Djebel-Bou-Thaleb, 1,840
mètres), qui vont rejoindre dans l'Aurès le bourrelet
Saharien de l'Atlas et qui, projetant des ramifica-
tions sur les Hauts Plateaux de Constantine, leur
donnent un caractère tout spécial, — massif de Sétif,
amas de pics presque isolés et dont le plus haut

dépasse 2,000 mètres, — massif Numidien formé des monts d'El-Kantour et des monts de Constantine (1,350 mètres), — enfin, massif de la Medjerda qui va finir en Tunisie.

Tel est l'ensemble de la région Tellienne, la plus fertile et la plus colonisée de l'Algérie. C'est la plus arrosée, la plus boisée. C'est surtout un pays de culture (blé, orge, avoine, tabac, vigne, oliviers, orangers.) C'est aussi le pays des mines, des carrières : (fer, cuivre, plomb, argent, zinc, marbre, onyx.)

Le massif de l'Atlas tellien franchi, et jusqu'à ce qu'on arrive au Bourrelet Saharien de l'Atlas, on se trouve sur les Hauts Plateaux. Ils s'étendent sur une superficie de 130,000 kilomètres carrés, mais dans la province de Constantine, pour les productions, ils ne se distinguent guère du Tell. Leur altitude moyenne est d'environ 900 mètres. Ils sont limités au sud par la seconde chaîne de l'Atlas qui se compose des montagnes des Ksour (Djebel-Mzi, 2,200 mètres) sur la frontière marocaine, — du Djebel-Amour entre Géryville et Laghouat (1,800 mètres), — du massif des Oulad-Naïl, autour de Djelfa (1,600 mètres), — des monts du Zab, entre Bou-Saada et Biskra, — du massif de l'Aurès, composé d'une infinité de chaînes parallèles, — enfin des monts des Nememcha, — ces deux derniers massifs couverts de ruines romaines et habités par les descendants de colons romains.

Le caractère distinctif des Hauts Plateaux est l'existence à leur surface de lacs salés, indépendants et fermés. Ces lacs sont le Chott Gharbi que coupe la frontière marocaine, le Chott Chergui traversé au Kreider par le chemin de fer d'Oran à Méchéria, les Chotts Zahrez-Gharbi, Zahrez-Chargui dans le dé-

partement d'Alger ; le chott El-Hodna. Autour
de ce dernier, est une terre à blé, défrichée et irri-
guée jadis par les Romains et qui sera certainement
colonisée un jour par nous.

De l'autre côté de l'Atlas Saharien commence le
Sahara, de moins en moins peuplé à mesure qu'on
avance vers le sud. C'est le pays des oasis et des
dattes ; le forage des puits artésiens en a déjà changé
la face dans la partie soumise à notre domination.
Entre nos postes du Sahara algérien et le pays des
Nègres, il y a 2,000 kilomètres de désert à franchir.
Ce désert, le vrai Sahara, est un pays desséché jusque
dans ses profondeurs. Les vents humides du nord-est
et du nord-ouest n'y parviennent pas, arrêtés qu'ils
sont par les longs massifs montueux du Magh'reb ;
les vents qui lui arrivent de l'est ont déjà passé sur
les arides plateaux asiatiques et ne lui apportent
aucune humidité ; le vent du sud venant à travers
l'épaisse masse du continent africain a laissé sur les
plateaux du Soudan, toute la pluie dont il était
chargé, et à l'ouest, où pourtant l'immensité d'eau de
l'Atlantique pourrait envoyer l'humidité, les nuages
s'arrêtent au-dessus des dunes arides qui vont de
Mogador à St-Louis du Sénégal. Le Sahara algérien,
lui, reçoit encore un peu de pluie qui lui arrive par
la coupure du golfe de Gabès ; il y tombe 180 millimètres d'eau par an. C'est un pays généralement
plat ; certaines parties même entre Biskra, Tougourt
et Gabès en Tunisie sont au-dessous du niveau de la
mer.

Le Sahara algérien n'est donc pas le véritable
Sahara sec et aride : l'eau descendue des masses calcaires de l'Atlas n'y manque pas dans le sous-sol et

les Oasis n'y sont point rares ; et même, depuis qu'il est soumis à notre influence, il a été beaucoup amélioré. Des sociétés, dont la plus florissante est celle de l'Oued-Righ entre Tougourt et Biskra (département de Constantine), se sont formées pour la colonisation du Sahara, colonisation toute spéciale bien entendu. Il ne s'agit plus ici de planter la vigne, encore moins de cultiver le blé, mais, autour des puits forés, de faire pousser les palmiers. Quand le chemin de fer de Constantine à Biskra sera prolongé jusqu'à Tougourt, quand celui de Tunis-Kairouan-Gabès se reliera aux lignes algériennes de pénétration vers le sud, les dattes deviendront un objet d'alimentation sur les tables européennes.

L'Algérie est un pays de climat méditerranéen. L'influence de l'Atlantique ne s'y fait presque pas sentir à cause des hautes terres marocaines et des plateaux espagnols qui l'en séparent, mais si la Méditerranée agit au nord, le Sahara agit au sud : d'où, en Algérie, deux climats bien tranchés, climat marin pur sur les collines et dans les plaines basses, climat continental pur dans le Sud Oranais et dans le Sahara, — dégradations de ces climats et par suite climats mixtes suivant l'altitude et l'exposition, dans les montagnes et sur les hauts plateaux. Le climat maritime pur fait, des cantons de l'Algérie sur lesquels il règne, des pays enchanteurs. L'automne, l'hiver et le printemps y sont très doux ; le thermomètre n'y descend presque jamais au-dessous de $+ 5°$ et ne s'élève guère au-dessus de $+ 27°$ ou $+ 28°$. L'été même y est moins chaud qu'à Paris et ne dépasse pas $+ 30°$, tandis qu'il monte à $+ 33°$ et $+ 35°$ sur les bords de la Seine. En revanche, autour d'Alger, surtout en juillet et en août, l'air est fréquemment saturé d'humidité, à cause des brumes amenées par les vents du nord-est. La moyenne de la température d'Alger et de la zône maritime est de $+ 17°$.

Le climat du Sahara algérien, par suite de son caractère de climat continental pur, est un climat extrême. A l'ombre, le thermomètre monte à $+ 46°$ et $+ 50°$ pendant le jour, et pendant la nuit, même en été, il descend parfois, sous l'influence du rayonnement, à 5° ou 6° degrés au-dessous de zéro. Dans les plus belles nuits il ne s'élève pour ainsi dire jamais au-dessus de $+ 3°$ ou $+ 5°$. La température moyenne de Laghouat à 780 mètres d'altitude est, pour toute l'année, de $+ 26° 2$, de Tougourt, à 60 mètres d'altitude de $+ 22°$, d'Ouargla, à 140 mètres de $+ 25°$, d'El-Goléa, le point extrême du parcours de nos colonnes dans le sud, à 400 mètres d'altitude de $+ 20°$.

Le climat des Hauts Plateaux sans avoir un caractère continental aussi marqué que celui du Sahara est cependant surtout continental. Certaines années, la neige y tombe encore au commencement d'avril. En hiver, le thermomètre y descend à $- 6°$ ou $- 7°$ et monte à $+ 38°$ et $+ 40°$ en été. Dans cette dernière saison même, la différence de température est considérable entre le jour et la nuit, mais ce climat est très sain parce que l'air y est toujours sec. La moyenne est de $+ 19°$.

Quant aux massifs de l'Atlas, en raison de leur altitude, ils connaissent des froids de 4 ou 5 degrés au-dessous de zéro. On y voit la neige en hiver. La température moyenne de l'année y est de $+ 16°$.

Comme dans tous les pays de climat méditerranéen, les chutes de pluie ont lieu en hiver. Ce ne sont généralement pas des brumes qui tombent pendant de longues journées comme dans nos pays de climat atlantique, mais des sortes d'orages qui se manifestent par de brusques et abondantes précipitations. C'est d'octobre à avril que l'eau du ciel arrose la terre. Les quantités annuelles croissent régulièrement d'ouest en est. A Oran, il tombe 500 millimètres d'eau par an, 750 millimètres à Alger, 1,000 à 1,100 millimètres à Bougie. Dans l'intérieur du Tell, sur les hautes crêtes, la quantité de pluie annuelle est considérable ; elle est de 1,200 millimètres à Fort National. Les Hauts Plateaux, au contraire, sont très peu mouillés, le bourrelet et les massifs de l'Atlas arrêtant les nuages humides qui viennent du large. Ceux d'Oran reçoivent à peine 150 millimètres d'eau par an.

En résumé la hauteur moyenne de chute annuelle est pour toute l'Algérie d'environ 350 à 400 millimètres, (comme dans l'Espagne méditerranéenne.)

Il n'y a à proprement parler en Algérie que 2 saisons, la saison sèche de mai à septembre, et la saison pluvieuse d'octobre à avril. C'est en décembre que la quantité de pluie est le plus considérable.

Dans un pays aussi boursouflé, dans lequel les montagnes sont si enchevêtrées, et à la surface duquel la pluie tombe si irrégulièrement, il n'est pas étonnant que les cours d'eau ne soient que des torrents. Le Tell est encore assez bien arrosé, car si les rivières y sont parfois à sec, les sources y sont nombreuses. Les plateaux sont déjà moins bien partagés. Dans le Sahara, l'eau courante n'existe pour ainsi dire pas, et l'évaporation étant très rapide, la surface reste tou-

jours sèche. Aussi, les rivières ne coulent-elles vérita-ment que dans le nord du pays.

Dans le département d'Oran, le premier cours d'eau un peu important est la Tafna, très sinueuse ; sa longueur est de 158 kilomètres. Elle traverse un pays de collines où elle a peine à se faire jour.

Entre Arzeu et Mostaganem, au fond d'une baie en demi cercle finit la Macta qui roule 2 mètres cubes d'eau par seconde en été et 800 mètres en hiver. La Macta qui ne porte ce nom que pendant quelques kilomètres s'appelle plus loin Habra dans sa branche de droite, et Sig dans sa branche de gauche.

Un peu au nord de Mostaganem, débouche dans la mer le plus long des fleuves algériens, le Cheliff. Se-lon la mode arabe, il change 7 ou 8 fois de nom de sa source à son embouchure. Il a 665 kilomètres de longueur et arrose plus de 4 millions d'hectares de terre. C'est un des rares fleuves qui traverse les Plateaux dans toute leur largeur avant d'aller à la mer. De Boghar à son débouché dans la Méditerra-née, il a été obligé de se frayer un passage à travers une contrée extrêmement montueuse. Aussi, change-t-il plusieurs fois de direction.

De l'embouchure du Cheliff à celle du Mazafran, sur une longueur de près de 250 kilomètres de côtes, on ne trouve que des ruisseaux sans importance ; le coude du Cheliff d'abord, les monts du Dahra ensuite en sont la cause. Le Mazafran roule beaucoup d'eau eu égard à sa longueur. Une de ses branches est la Chiffa.

L'Isser qui se termine entre Alger et Dellys naît à Berrouaghia, très près du Cheliff.

Dans la baie de Bougie, débouche l'Oued-Sahel,

long de 200 kilomètres. Il prend sa source dans les montagnes de la Kabylie. Un de ses affluents passe au fameux défilé des Portes de fer, la seule route entre Alger et Constantine.

L'Oued-el-Kebir (la Grande Rivière : 225 kilomètres) traverse sous différents noms les Hauts Plateaux de Constantine.

Enfin la Seybouse qui a 220 kilomètres de longueur jette ses eaux près du port de Bône.

Le littoral algérien est faiblement articulé. L'action de la mer sur les chaînons des montagnes qui serrent la côte de plus ou moins près a cependant creusé un assez grand nombre de baies. Mais ces baies sont largement ouvertes et partout on a dû faire de coûteux travaux pour y créer des ports de refuge. A ce point de vue, la côte tunisienne est bien supérieure à la côte algérienne. Toutes ces baies sont orientées au nord-est, ce qui démontre la prédominance des vents de ce côté. Baie d'Oran entre le cap Falcon et la pointe de l'Aiguille, baie d'Arzeu entre le cap Carlon et Mostaganem, baie d'Alger entre la pointe Pescade et le cap Matifou, baie de Bougie entre le cap de Garde et le cap Rosa, sont les principales échancrures.

Le sous-sol algérien est très riche en minerai et nul doute que, si les espérances que l'on a de découvrir des gisements de houille (notamment à Bou-Saada et dans le Djebel-Amour) se réalisent, l'Algérie ne devienne un centre métallurgique important. Les gisements de cuivre, souvent colorés en bleu et en vert, ont été les plus exploités depuis l'antiquité. 5 ou 6 mines, sur une douzaine concédées, sont seules exploitées aujourd'hui.

Il y a du plomb argentifère à Gar-Rouban près du Maroc et à Aïn-Teboul sur la frontière tunisienne et aux environs de Djidjelli, au Cap Cavallo.

Le zinc est plus répandu et mieux exploité. (Mines de Mazis, de Fillaoucen, de Sakamody, d'Hammam-Nbaïls, etc.) Mais bien des gisements sont encore inexploités, notamment dans l'Ouarensenis. Souvent le plomb est associé au zinc. A Hamimat, il y a du très bel antimoine.

Mais la plus grande exploitation minière de l'Algérie est encore le fer. Les navires chargent le minerai de fer algérien, non seulement pour l'Europe, mais pour les Etats-Unis et l'Australie. La mine la plus considérable est celle de Mocta-el-Hadid. Un chemin de fer de 30 kilomètres de longueur, construit par la compagnie concessionnaire de la mine peut transporter à Bône 1,800 tonnes de minerai par jour. Aïn Mokra, Aïn Sedna, Bougaroun près Collo, Gouraya, Tenès, le Zaccar, Camerata, la Tafna, Beni-Saf où un port a été ouvert par une compagnie privée pour l'embarquement des minerais, sont les principaux gîtes. On n'exporte que le fer manganésifère. Si l'on avait de la houille pour les hauts fourneaux, que de bénéfices ne tirerait-on pas de tout le minerai qu'on abandonne sur place aujourd'hui !

Pierres de taille, chaux, plâtre, marbres au cap de Garde, à Palestro, à Tipaza, onyx à Aïn-Tekbalet, serpentines à Collo, granit à Cherchell, etc., pourraient fournir des matériaux de construction ou d'ornement à tout un continent.

Le sel est répandu partout : lacs salés d'Arzeu, de Relizane, de Valmy, montagnes de sel gemme dans le sud, et les sources minérales ne se comptent pas.

La plus grande partie du sol du Tell est argileuse et argilo-marneuse. Toutes les plaines d'alluvion sont composées d'argile et de marne mêlées de silice. Leur fertilité est très grande. Blé dur et blé tendre, (ce dernier depuis 1830 seulement), avoine, orge, maïs, tabac, — la culture et le commerce du tabac sont libres en Algérie, — lin, vigne, prairies artificielles dans les plaines basses sont les principales cultures du Tell. Les orangers, les oliviers, les chênes-liège sont très nombreux. Les forêts de chênes-liège couvrent les massifs du département de Constantine, le plus boisé parce qu'il est le plus arrosé.

L'alfa est jusqu'à présent la seule production importante des Hauts-Plateaux d'Alger et d'Oran. Sur les Plateaux de Constantine, la population française commençant à s'y porter, les productions sont déjà plus variées.

Plus au sud encore, dans le Sahara, ce sont les Palmiers-Dattiers qui dominent.

C'est dans le Désert et sur les Plateaux que l'on rencontre le chameau. Il n'y a pas moins, — tous aux mains des Arabes, sauf quelques douzaines peut-être, — de 160,000 à 180,000 chameaux en Algérie, qui transportent les hommes et les marchandises.

Les mulets sont nombreux, les ânes encore plus, mais tandis que les mulets se partagent entre colons et indigènes, les ânes, très petits parce qu'ils sont mal soignés, sont la propriété des Indigènes.

Les bœufs (1 million et 1/2), les chevaux, peut-être au nombre de 200,000, sont répartis entre les Français et les Indigènes.

Les 8 ou 10 millions de moutons sont en majeure partie aux mains des Indigènes des Hauts Plateaux. De même les chèvres, qui, elles, malheureusement pullulent dans tout le pays. Cette maudite engeance cause certes plus de ravages qu'elle ne rapporte d'argent.

La mer côtière n'est pas moins riche que la terre : les poissons y abondent et les bancs de corail bien qu'un peu exploités outre mesure par les Italiens, y sont encore très étendus, mais ces richesses, sauf le corail, sont négligées, la population de pêcheurs étant encore trop peu nombreuse.

La mise en valeur de l'Algérie a été singulièrement facilitée par la construction d'un réseau considérable de routes et de voies ferrées. Les routes ont été commencées dès les premiers temps de la conquête, par l'armée. Il y a actuellement 10 routes nationales, dont 3 partent d'Alger, 2 d'Oran, 1 de Constantine, 1 de Bougie, 1 de Maison-Carrée, 1 de Stora et la dernière de Relizane. L'ensemble des routes, y compris les routes départementales et les chemins vicinaux, a une longueur de 22,000 kilomètres.

Les tracés des chemins de fer ont été faits en général plutôt pour répondre aux nécessités stratégiques que pour satisfaire aux besoins commerciaux. Une grande ligne d'Oran à Tunis par Alger et Constantine court parallèlement à la côte, de manière à pouvoir transporter rapidement les troupes d'un bout à l'autre du Tell. De cette ligne principale des embranchements vont, soit au nord, aboutir aux principaux ports de la côte, soit au sud, à travers l'Atlas et les Hauts Plateaux, vers le Désert. Ces derniers sont dits : lignes de pénétration vers le sud.

D'Oran, une ligne nouvellement construite, se dirige sur Tlemcen et la frontière marocaine par Misserguin et Aïn-Temouchen. De Ste-Barbe du Tlélat une ligne va à Sidi-bel-Abbès et de là remonte la vallée de l'Oued-Mekerra et s'arrête à Ras-el-Ma. A Perregeaux, une première ligne construite pour l'exploitation des salines gagne la côte, passe à Port aux Poules, à l'embouchure de la Macta et cotoie la mer jusqu'à Arzeu. Cette ligne se continue au sud de Perregeaux, traverse les monts des Beni-Chougran, passe près de Mascara, gagne Saïda, sur les Hauts Plateaux, à l'entrée de la « mer d'Alfa » et se continue jusqu'à Mecheria. Cette ligne à voie étroite a été construite depuis Saïda par l'armée, lors des évènements du Sud Oranais en 1881-1882.

Dans le département d'Alger, un embranchement s'amorce près de Blidah et ira à Médéah avec un prolongement sur Laghouat. De Menerville, une ligne se dirige sur Haussonvilliers et de là doit gagner Tizi-Ouzou.

De Bougie par la vallée de l'Oued-Sahel un tronçon, non encore relié au chemin de Constantine, s'arrête à Beni-Mansour.

Un peu avant Constantine, au Khroubs, la voie se continue par Guelma et Soukarras, suit la vallée de la Medjerda et se termine à Tunis. Constantine est reliée au nord à Philippeville et au sud à Biskra par Batna. Un autre embranchement sur Aïn-Beïda doit être prolongé sur Tebessa et se raccorder aux lignes centrales tunisiennes en construction.

De Duvivier, entre Guelma et Soukarras,

une ligne descend sur Bône par la vallée de la Seybouse. En outre, une voie privée a été ouverte entre Aïn-Mokra et Bône pour l'exploitation des mines de fer.

L'ensemble de ces voies ferrées atteint 3,000 kilomètres.

Sur mer, de nombreuses lignes de bateaux à vapeur font quotidiennement le service entre les ports de France et ceux d'Algérie.

L'Algérie est jusqu'à présent, surtout un pays agricole. Elle envoie en France chaque année, plusieurs millions de kilogrammes de primeurs (pommes de terre, artichauts, petits pois, choux fleurs, etc.) Elle expédie en outre annuellement, dans nos départements du Sud-Est, plus d'un million de têtes de bétail pour la boucherie.

Les poissons commencent à arriver à l'état frais sur le marché de Marseille ; à l'état de salaison, ils se répandent par toute la France. L'Algérie exporte encore de la savonnerie, de la verrerie, du fer, du tabac, du vin, de l'huile, des bouchons de liège, des pâtes alimentaires, du chocolat, des peaux, du lin, de la farine, du crin végétal, de l'alfa, des essences, de la résine, de l'ébénisterie en thuya.

Elle importe surtout des produits manufacturés, des tissus, des vêtements, des machines, des fers ouvrés, des produits alimentaires, de la houille.

Son commerce total, en progrès constant, dépasse aujourd'hui 600 millions dont les 4/5 avec la France.

Cette grande contrée de 600,000 ou 700,000

kilomètres carrés n'est encore guère peuplée. Sa population n'atteint pas 4 millions d'individus. Il y a 300,000 indigènes (Berbères et Arabes) et moins d'un demi million d'Européens, dont 268,000 Français (armée non comprise).

Néanmoins même au point de vue du peuplement, aucune colonie ne s'est développée aussi rapidement que l'Algérie. La population française y croît aussi vite qu'au Canada et tout fait prévoir qu'avec la transformation économique du pays, ce développement s'accélèrera encore. Et si l'influence de notre race se maintient sur le globe, si nous ne périssons pas sous le nombre toujours grandissant des races rivales, ce sera en grande partie à la France d'Afrique, au nouveau peuple français qui naît sur le sol du Magh'reb que nous le devrons !

CHAPITRE I

LA MÉDITERRANÉE !

Minorque. — La puissance française dans la Méditerranée : Toulon, Alger, Bizerte, Tunis. — La marine italienne. — L'arsenal de la Maddalena. — La côte algérienne. — L'escadre de la Méditerranée.

Onze heures du matin ! A l'Est on distingue des escarpements blancs et nus, sans un arbre, sans une touffe d'herbe. Des agglomérations de maisons apparaissent confusément derrière des plis de terrain, c'est Minorque. Et cette vue de l'île aride fait songer au temps passé. Que de changements depuis soixante ans sur cette mer que nous parcourons aujourd'hui si paisiblement. Alors les navires ne s'y aventuraient qu'armés de bons canons. Alors à Minorque on tremblait à la moindre voile entr'aperçue. C'était le temps où l'on ne parlait qu'avec épouvante de cet Alger où l'on n'allait jamais volontairement et d'où l'on ne revenait guère. Aujourd'hui la France domine à Alger, domine à Tunis et nous avons, sur la rive Africaine, des ports qui nous rendront les maîtres de la Méditerranée occidentale le jour où nous le voudrons. Le jour où nous nous déciderons enfin à tirer parti de ce que nous possédons, le jour où nous fortifierons Ajaccio, Portovecchio, où nous dégagerons des sables qui l'obstruent, le vieux port génois de Diana en Corse, où nous ferons de Bizerte un nouveau Toulon, de Bougie un des points de ravitaillement de notre flotte, ce jour-là nous ne craindrons plus, comme aujourd'hui, qu'en temps de guerre un ennemi jaloux intercepte nos communications entre Cette et Alger, entre Marseille et Tunis. Le drapeau français flottera en maître dans la Méditerranée. Nous ne devrions pas oublier que si l'Allemagne nous a ravi deux provinces, c'est parce que, la dédaignant longtemps, nous l'avons pour ainsi dire aidée à grandir. Ne répétons pas la même faute dans la Méditerranée. Il y a une puissance nouvelle qui n'existe que grâce à nous et qui rêve la suprématie maritime sur le « lac français ». Il n'est que temps de prendre des mesures défensives vis-à-vis de l'Italie. Non seulement notre honneur, mais notre sécurité, mais le souci de prévenir un nouveau démembrement l'exigent. Que la guerre éclate aujourd'hui et nos communications ne seraient assurées entre Toulon et Tunis qu'au prix d'un déploiement de forces considérables. Sournoisement, en effet, les Italiens ont établi à la Maddalena, dans le détroit de Bonifaccio, entre la Sardaigne et la Corse, un grand arsenal maritime, presque impossible à bloquer, et d'où la flotte Italienne menacera la Corse, surveillera Marseille et Alger et arrêtera le mouvement de nos escadres entre Toulon et Tunis. Hâtons-nous donc de mettre la Corse en état de défense et de terminer les travaux du port de Bizerte. Il n'est que temps !

Que cette Méditerranée est belle et comme ses aspects sont variés ! Tout à l'heure elle était unie et calme comme un bassin d'eau stagnante, maintenant des rides naissent à sa surface, de petites lames frangées d'écume avec des reflets de bleu intense clapotent contre les flancs du navire. Le ciel est passé du bleu limpide au bleu sombre, puis il est devenu jaune grisâtre, d'une teinte sale, couvert en partie de nuages noirs. Le soleil brille encore par instants ; mais, au nord-est, le ciel se prend. Ce sont comme d'énormes et épaisses fumées qui montent sur l'horizon. Des vagues plaquées d'écume semblent courir sur le vaisseau, elles sont bleu sombre et, quand elles s'étalent, elles sont d'un vert splendide avec des bordures d'un blanc lumineux. Nous aurons une mauvaise nuit !

Les femmes, qui se lamentent à cause du roulis qui secoue affreusement, la trouvent bien longue, cette nuit.

Mais le jour commence à poindre. Vite sur le pont ! Il y a beaucoup de brouillard. Quel malheur si nous ne pouvions pas voir la côte d'Alger.

Le brouillard se dissipe un peu ; à six heures nous apercevons l'Afrique. Elle se présente à nous sous la forme d'une haute terre rougeâtre couverte çà et là de plaques sombres qui sont des arbres et de points blancs qui sont des

maisons. La voilà donc cette Algérie, cette entrée d'un continent encore si peu connu et qui a
déjà dévoré tant d'hommes. Cette masse devant
nous, c'est la pointe Pescade. Là, derrière, dans
l'est, doit être Alger.

Tout à coup, à un détour de la côte, la ville
paraît. Les deux jetées qui s'avancent dans la
mer, les arcades du quai, les maisons parisiennes
de la ville basse, et derrière, escaladant la colline, un entassement prodigieux et confus, une
masse blanche, serrée, compacte, bizarrement
déchiquetée avec des reflets jaunes sous la lumière du soleil. Cela a l'air taillé à coups de ha-
che. Tandis que nous dévorons des yeux cette
ville prodigieuse, une détonation nous fait dé-
tourner la tête. Les cuirassés de l'escadre de la
Méditerranée sont là, dans le port, à côté de
nous. Les tambours battent aux champs, et à
bord de chacun de ces navires, le pavillon national, le pavillon tricolore monte fièrement dans
les airs.

Oh! cela fait rudement battre le cœur ces
trois couleurs qui sont la France et que nous re-
trouvons ici à peine arrivés. Et je vois passer
devant mes yeux cette épopée magique qui, sous
les plis de ce drapeau, a fait la France si grande
et si glorieuse, je rêve à ces luttes héroïques
dont fut témoin le sol africain, à ces prodiges de
valeur et d'habileté qu'accomplirent nos marins
à bord de ces mêmes vaisseaux il n'y a pas trois
ans, dans les mers de Chine.

Quels braves gens, ces marins! L'escadre
étant encore en rade d'Alger, le feu éclata une

nuit dans le parc à fourrages de l'armée. Les marins se dirent avec raison que s'ils attendaient la mise à flot des canots, l'incendie pendant ce temps prendrait de grandes proportions. Ils se jetèrent donc de suite à la mer et traversèrent le port à la nage. Ils étaient sur les quais avant même que les baleinières fussent armées, se mirent en ordre, partirent au pas de course et aidés des soldats accourus, à peine vêtus, éteignirent l'incendie. Grâce à eux des centaines de milliers de kilogrammes de paille et de foin furent préservés.

Non, avec de tels hommes, la France n'a pas encore dit son dernier mot. Et si sur le continent européen notre rôle semble fini, nous avons l'Afrique ouverte à notre race. Une nouvelle France y naît, et qui sait à quels destins elle est appelée !

Et pendant que je songe ainsi, l'ancre pesante descend et va fouiller le sol de la mer. Le bateau s'arrête. Des maures, des nègres l'escaladent pour le décharger. Il y a surtout un vieux nègre, jambes et bras nus, la peau noire comme l'ébène, la barbe blanche, et si laid ! Une vraie figure de démon !

✳

CHAPITRE II

ALGER

Alger est une capitale politique, non une capitale naturelle. — La ville. — La population du port. — Le square Bresson. — Les rues à arcades. — La place du Gouvernement. — La statue de Bugeaud. — Le jardin Marengo. — Un orage dans la baie d'Alger. — La cathédrale. — La ville haute. — Aspect de la Casbah. — Le café Maure. — La population indigène : Arabes, Berbères, Maures, Koulouglis. — Convient-il de naturaliser les Indigènes ? — Recrutement possible de 60,000 soldats indigènes en cas de guerre européenne. — Le péril pour l'Algérie n'est plus au sud : il est au nord. — Le culte musulman. — Les Mosquées. — La mosquée des Mozabites schismatiques. — La population ouvrière indigène. — La population ouvrière européenne. — L'Exposition permanente des produits de l'Algérie. — Le jardin d'Essai. — Le champ de manœuvres de Mustapha. — La culture maraîchère autour d'Alger.

Alger est une capitale de hasard. La nature n'avait pas, comme en d'autres lieux, marqué sur le sol que là où s'élève la ville, là serait la capitale d'un empire qui à son plein développement embrassera des milliers de kilomètres de côtes, qui englobe déjà Tunis, qui absorbera le Maroc et qui s'en ira au sud, loin, loin, par delà le grand désert de sable, rejoindre Saint-Louis du Sénégal, Tombouctou et les stations du Niger. Alger n'a pas de port naturel comme Oran a Mers-el-Kebir (on a dépensé 60 millions pour lui en créer un qui sera trop petit dans 10 ans), pas d'eau (les rues en été sont asséchées, les plantes des squares couvertes de poussière). Un site joli, certes, une situation agréable au bord de la mer bleue sur les flancs charmants de la Bouzaréa, mais en somme rien de ce qui peut faire dire : c'est bien là que doit être située la Ville-tête d'un grand empire. Si, pourtant ! Pour un empire fondé par les Français, Alger a l'avantage d'être sur le méridien de Paris et en face de Marseille, à mi-chemin entre Tunis et le Maroc.

C'est une ville superbe, monumentale, avec des quais grandioses, des maisons en pierre de taille et des rues à arcades.

Les quais, voûtés, servent de magasins. Près de la gare, située au bord de la mer, il y a jusqu'à trois étages de voûtes. Les rues des quartiers neufs qui bordent le port et montent petit à petit vers la vieille ville arabe qu'ils finiront par détruire ressemblent aux belles voies de Paris ou de Marseille. N'était cette foule barriolée, le Français au casque de moëlle de millet, l'Espagnol au large feutre gris, le Maure jambes et bras nus, le visage jaune, le Biskri venu de l'intérieur pour porter les fardeaux et servir de commissionnaire, la Mauresque, paquet de mousseline dont on ne voit que le front et les yeux noirs agrandis par le koheul, — on ne croirait jamais avoir traversé la mer.

Portefaix, commissionnaires, marchands de fruits ou de bibelots, toute cette population indigène grouille en quantité considérable. Le long des quais ils ont dressé de petites tentes en toile blanche, et une partie loge là dedans. D'autres dorment allongés en plein soleil ou à l'ombre de la gare.

Quoique nous soyons au 20 juillet, il ne fait pas sensiblement plus chaud qu'à Paris, mais, et c'est une particularité du climat d'Alger, l'atmosphère est saturée de vapeur d'eau. Aussi, transpire-t-on beaucoup. Dans l'intérieur des terres, au contraire, l'air est très sec.

Flâner et errer à l'aventure, je ne connais pas, quand on a du temps devant soi, de manière plus agréable de visiter une ville. Au préalable on a eu soin d'en bien étudier le plan et l'orientation générale ; au besoin on emporte une carte dans sa poche. Là, sous ce ciel pur, avec le tabac si doux et si bon marché, avec les cafés maures, avec une population aussi bien française qu'indigène, d'une amabilité et d'une politesse exquises, la flânerie est tout à fait délicieuse. Les rues à arcades contribuent encore au charme des longues promenades. Il semble que dans les nouvelles voies qu'on ouvre, on tende à renoncer aux arcades. C'est un tort, car Alger sans les arcades, c'est comme Paris sans les boulevards, comme Marseille sans la Canebière.

En plan géométral, la ville forme un trapèze dont trois des angles sont voisins de la mer. Le quatrième est sur la colline.

Du fort Bab-Azoun à la jetée de Kreir-ed-Dine, d'un bout du port à l'autre, s'allongent les quais. La voie qui les surmonte s'appelle Boulevard de la République. De la jetée de Kreir-ed-Dine à l'Arsenal d'artillerie, il n'y a plus de quai : le mur d'enceinte bastionné qui enserre la ville et qu'il est question de raser sur certains points, plonge de ce côté presque ses pieds dans la mer. Le boulevard des Palmiers en forme comme le chemin de ronde.

Lorsque, sortant de la douane, vous avez grimpé l'escalier du quai qui se trouve à votre gauche, vous apercevez le long du boulevard de la République un carré de verdure. C'est le Square Bresson, un très agréable square avec des palmiers et des bambous qui lui forment une voûte naturelle. Il y a toujours une foule de flâneurs qui rêvent sur les bancs, et comme cette race française née en Afrique est très liante et très aimable, on ne s'ennuie pas au square Bresson. Comme dans les autres squares d'Alger, ce square possède quelques palmiers. N'allez pas croire cependant que le palmier soit un arbre que l'on rencontre dans le Tell Algérien. Les palmiers de rapport ne croissent que dans les oasis du Sahara. Le palmier du Tell n'est que pour l'ornement. Le côté du square Bresson qui regarde la ville donne sur la place de la République bordée elle-même par le Théâtre National. C'est là que s'amorce la rue Bab-Azoun, une rue commerçante avec des arcades, — dans le genre de la rue Rivoli qu'elle ne vaut pas du reste.

Tandis que vous cheminez sous les arcades sombres de la rue Bab-Azoun et que vous contemplez avec étonnement le flegmatique marchand Maure, les chairs débordantes et pâles, assis au fond de son échoppe, fumant la pipe ou la cigarette en attendant tranquillement le client, tout à coup un flot de lumière blanche vous aveugle. Vous êtes sur la place du Gouvernement. C'est là que le soir se fera entendre la musique militaire, c'est là que toute la ville viendra tourner en cercle, que se donneront les rendez-vous, que se noueront les intrigues amoureuses (elles sont fréquentes à Alger). C'est autour de cette place que se trouvent les cafés fréquentés par la haute société et qui ne le cèdent en rien à nos établissements à la mode des boulevards. Au milieu se dresse la statue du duc d'Orléans. Elle a été élevée en 1842. Le duc est à cheval et regarde la ville haute qu'il salue de l'épée.

Alger possède une autre statue, celle du maréchal Bugeaud. Elle orne la place Bugeaud au milieu de la rue d'Isly. C'est un hommage q était bien dû au « Gouverneur » comme on dit là bas. Depuis 1830, il y a eu déjà bien des gouverneurs en Algérie. Ceux dont les Algériens (les Algériens sont les Français nés dans le pays) n doivent pas laisser périr le souvenir sont, héla bien rares. Bugeaud est resté comme le type d bon gouverneur.

N'ayant que quelques arbres, entourée s trois côtés par des galeries blanches, serrée sur moitié du quatrième par la blanche mosquée d la Pêcherie, et, sauf sur un coin de mer, n'aya vue que sur des maisons blanches, la place Gouvernement, partout pavée ou bitumée, m que de verdure. Il est agréable d'y passer la soir midi y est moins charmant. Le square Bress n'est pas loin à la vérité, mais s'il donne de l'ombre la vue y est bornée. Si donc on veut jouir de beaux ombrages et en même temps laisser errer l'œil sur quelque paysage lointain il faut aller au bout de la ville, de l'autre côté de la rue Bab-el-Oued — continuation de la rue Bab-Azoun, — de l'autre côté du Lycée, jusqu'au jardin Marengo. Le jardin Marengo est superbe, c'est une de nos serres, mais cent fois, mille fois plus vaste et en plein air. Si Alger avait assez d'eau pour arroser le jardin Marengo comme nous arrosons nos jardins publics à Paris, ce serait un véritable paradis terrestre, plus beau certes que cette autre merveille qui s'appelle le jardin d'Essai, parce qu'au jardin Marengo, on a devant soi l'horizon infini de la mer et l'horizon majestueux de la terre. Allées tortueuses, esplanades, escaliers menant à des terrasses, le jardin Marengo a tout pour lui. En bas se dresse un belvédère dédié « aux braves de la vieille et de la jeune armée par un vieux grognard, le colonel Marengo, créateur du jardin, 14 juin 1830.» Sur le socle d'une colonne corinthienne en marbre blanc sont inscrits les noms des principales victoires de l'empire.

Un escalier enguirlandé de lierre et de volubilis conduit à un plateau circulaire planté de superbes caroubiers et de massifs d'arbustes. De là on aperçoit la courbe immense de la baie d'Alger et toutes les blanches agglomérations de la banlieue, — l'Agha, Mustapha inférieur et supérieur, Hussein-Dey, — qui, aujourd'hui se relient par leurs constructions à la ville et qui dé-

main en feront officiellement partie. De l'autre côté la vue s'étend sur les hautes collines rougeâtres,
les premières que l'on aperçoit en venant de
Marseille et à mi-côte desquelles se détache la
coupole de Notre-Dame d'Afrique. Cependant,
tandis que les rayons du soleil se profilaient encore obliquement sur le dôme blanc de Notre-
Dame d'Afrique, au-dessus de la baie le ciel
s'était pris peu à peu. De bleu pâle il était devenu
gris avec de larges plaques d'un blanc jaunâtre.
La mer dont la teinte azurée s'est ternie commence à s'agiter, de larges gouttes de pluie tombent à sa surface, des éclairs déchirent la nue.
Les lignes qui bordent la côte et dont tout à
l'heure j'admirais les tonalités et la netteté de
contour (on les eût dit découpées à la main dans
une motte de beurre) s'effacent et n'apparaissent
plus que comme des vapeurs vagues. On dirait
qu'il y a un immense voile de fumée entre le ciel
et la mer et qui les cache l'un et l'autre. L'air est
lourd et chargé de poussières, et par moment, il
passe des bouffées de siroco. Tout au fond de la
baie un coin de hauteur bizarrement découpé
s'éclaire comme de reflets d'incendie. Un voilier
qui se couvrait de toile et s'apprêtait à prendre
le large cargue ses voiles et rentre au port. La
mer s'embrume de plus en plus. Puis il y a comme un moment d'attente, un frisson semble se-
couer toute la nature. L'eau se met à tomber avec
violence. Et tout à coup, pendant que vous
regardez ce spectacle, par un coup de théâtre
fréquent sous ces latitudes, mais qui étonne le
Parisien, les nuées disparaissent, la pluie cesse,

le soleil brille. La pluie avait duré cinq minutes et tout l'orage vingt minutes. Et magie de ce soleil du midi, en quelques secondes toute trace de cette bouderie du ciel avait disparu et vous eussiez fort stupéfait celui qui n'eut pas été dehors un quart d'heure auparavant, en lui racontant que la pluie cessait à peine de tomber.

Le Jardin Marengo est situé sur la zone qui sépare la ville basse de la ville haute. Il en est de même de la plupart des édifices civils et religieux, la préfecture, grand rectangle sans ornements extérieurs, le palais du gouverneur, l'archevêché, la cathédrale St-Philippe, ancienne mosquée dont les transformations maladroites ont déjà coûté plus d'argent qu'un bâtiment neuf et qui, malgré tout, menace ruine. C'est dommage, car dans cette cathédrale, il y a des bas-côtés remarquables avec leurs dômes, leurs fines nervures, leurs arabesques.

Mais, voici devant nous la Rue du Soudan. Si nous montions à la ville haute, à la Casbah, comme on dit ici ? Européen aux chaussures ferrées préparez votre courage, car les rues presque verticales de la Casbah, pavées souvent avec des degrés inclinés, sont terriblement raides et glissantes.

La Casbah est une chose fantastique. Rues étranglées, tortueuses, culs de sac, montant à pic, avec des voûtes, des passages sombres, des maisons ventrues avançant les unes au-devant des autres et rejoignant parfois leurs terrasses, échoppes dont l'entrée est à peine assez large pour laisser passer les Maures obèses, recoins où dorment les Arabes, voilà la Casbah. Dans ces ruelles quelques Français, mais surtout des Indigènes, de grands gaillards qui s'effacent pour vous laisser passer. On se sent chez soi, en pays conquis. Tous ces indigènes parlent français et sont polis. Mais comme l'ascension est rude et qu'on n'en finit pas de tourner dans ces passages, reposons-nous dans un café Maure. Dès que vous entrez, les indigènes vous souhaitent le bonjour. Répondez à leur salut par le salut militaire, en portant la main au casque, on vous croira soldat et on aura pour vous beaucoup d'égards. Le militaire, le « chendat » c'est une des rares choses qu'ils respectent chez les « Roumis. »

Le Café Maure est un des charmes de l'Algérie. Imaginez une salle généralement carrée avec des bancs et des nattes tout autour (dans quelques-uns il y a des tables, mais c'est l'exemption). Sur un des côtés un fourneau en faïence adhère au mur. Vous vous asseyez et le caoudji (cafetier) vous apporte une tasse avec une petite cafetière remplie d'un café exquis (le grain est broyé et la poudre mélangée à l'eau). Cela coûte un sou. Quand on a goûté au caoua maure on trouve détestable notre' café français. Voulez-vous varier ? Vous vous faites servir une tasse de thé, toujours pour un sou. Bien des français affectent de mépriser le café maure ; il est de meilleur ton d'absorber dans les cafés Européens des drogues malsaines que l'on paie cher. Pour moi, je déclare qu'entre le café européen et le café maure, je préfère le dernier. On y coudoie l'indigène, on y cause avec lui, on y démêle le caractère de l'Arabe indolent et paresseux qui reste de longues heures à rêver et à fumer. Quelques-uns jouent aux dominos ; le soir on décroche une sorte de mandoline pendue à la muraille et durant des heures, un de la compagnie récite une sorte de mélopée traînante avec des intonations gutturales et une ritournelle qui revient périodiquement, comme dans nos chansons de geste du moyen-âge.

Tandis que nous sommes au café maure, voulez-vous que nous fassions sommairement connaissance avec les différentes populations indigènes de l'Algérie ?

Les Indigènes, quoique tous musulmans, ne forment pas une nation parlant la même langue. Deux races principales peuplent le pays : Les Berbères, (les Berbères Algériens sont appelés Kabyles dans la langue courante), les Arabes : les Kabyles sont sédentaires, les Arabes généralement nomades. Les Kabyles habitent les montagnes de l'Atlas et la plupart des Oasis du désert. Ce sont les vieux maîtres du sol qui, devant les invasions successives des Carthaginois, des Romains, des Vandales, des Byzantins, des Arabes, reculèrent peu à peu de la plaine aux collines, des collines aux montagnes. Si le nombre de leurs hommes augmente, leur langue dure et gutturale disparaît cependant devant la Langue arabe. Avant l'invasion musulmane ils étaient chrétiens. Ils sont musulmans aujourd'hui. Quelquefois blonds, de teint blanc et d'yeux bleus, les traits gros, les Kabyles forment une

race très mêlée, énergique et laborieuse, qui
défriche, plante, sème, cultive, moissonne pour
notre compte avant de planter, semer, cultiver,
moissonner pour le sien. Nous ne labourons encore, en effet, que la plaine basse et chaude, où
tout se sème et pousse bien avant les plantations
de la montagne Kabyle. Nos départements du
nord de la France connaissent quelque chose
d'analogue. Chaque année, tandis que les blés
brabançons achèvent de mûrir, des bandes de
Belges moissonnent la Picardie et l'Ile de France.
Aussi fanatiques que les Arabes, les Kabyles
sont peut-être encore plus féroces. Ils raffinent
dans les manières de donner la mort. Ils sont
généralement monogames. Aujourd'hui, parqués
dans les montagnes, ils sont isolés et sans force,
toute la plaine, toutes les vallées étant occupées
par les colons français. Ils ont d'ailleurs été
désarmés depuis les dernières insurrections. Le
Tell est définitivement pacifié.

Les Arabes forment à peine un quart de la
population indigène. Les femmes Arabes sont
très petites, mais les hommes sont souvent
grands, beaux quand ils sont maigres, affreux
quand ils sont gras. Il n'y a pas d'esprit national
chez eux, mais seulement un esprit religieux.

Quelques Arabes vivent disséminés dans le
Tell, mais la masse de la population campe sur
les hauts plateaux, là où s'arrêtent aujourd'hui les
agglomérations européennes. Nomades parce que
la propriété n'est pas encore individualisée chez
eux et qu'ils sont trop ignorants et trop paresseux
pour faire aucun progrès, ils poussent devant

ùx des troupeaux de chèvres et de moutons et
époques fixes descendent dans le Tell échanger
es moutons des hauts plateaux et les dattes des
asis du Sud contre du blé ! Ce sont les conqué-
ants du pays, et les Kabyles, qui les valent pour-
ant bien, cherchent toujours à se faire passer
our Arabes ; « Moi, Sidi, macache Kébaïle,
arabe, arbi. »

La langue française gagne étonnamment du
errain parmi les Indigènes. Dans les villes tous
a parlent, presque tous dans le Tell ; sur les
auts plateaux, nombre la comprennent déjà.
Mais il n'y a pas que les Indigènes en Algérie ; il
y a des Espagnols, des Italiens, des Maltais,
t, aux premiers temps de la conquête, avant la
diffusion de notre langue, les Français ne sachant
pas l'arabe ou l'espagnol ou l'italien, les Arabes,
les Espagnols, les Italiens ne comprenant pas le
français, il s'est créé un patois informe, le *sabir*,
langue sans genre ni nombre, sans temps ni mo-
des. Mélange de mots français, de mots arabes,
espagnols, italiens, le *sabir* a vécu ses plus beaux
jours ; on peut dès à présent compter le temps
qui le sépare de la tombe. La phrase que je ci-
tais : « Moi, Sidi, macache Kébaïle, *arabe*, arbi »
(moi, Monsieur, je ne suis pas Kabyle, mais
arabe), est du *sabir*.

A côté de ces deux grandes races — Arabes,
Kabyles — il existe dans les villes une population indigène spéciale, les Maures. Commerçants, âpres, rusés, avares, ce sont des Juifs moins
la religion. Parlant tous le français, connaissant
notre histoire, ayant dans les veines du sang de

tous les pays, les Maures devraient être francisés en bloc. S'ils ne nous ont jamais beaucoup
aidés aux périodes difficiles de la conquête, ils
ne nous ont jamais combattu. Bien qu'il y ait des
Maures parmi nos officiers indigènes, ils n'ont
actuellement pas grande vertu militaire, pas plus
d'ailleurs que les Juifs au moment du décret
Crémieux ; mais l'entraînement leur donnerait
l'énergie qui leur manque. Que de progrès les
Juifs n'ont-ils pas faits, depuis 20 ans qu'ils sont
citoyens Français !

Quant aux quelques Koulouglis, nés de soldats
Turcs et de femmes du pays, c'est une honte de
ne pas les avoir naturalisés, car ceux-là ont maintes fois versé leur sang dans nos rangs et ont
toujours été nos alliés.

Il y a aussi un certain nombre de Nègres, mais
ils s'acclimatent difficilement. C'est très fâcheux,
car ceux-là ne sont pas réfractaires à notre
influence.

Il n'existe donc pas un peuple indigène en
Algérie, mais deux races différentes, sans idéal
national, en revanche animées d'un même esprit : le fanatisme religieux. Mais, ce fanatisme
religieux, nous pouvons le combattre en minant
l'influence de la noblesse religieuse et civile chez
les Kabyles et en fondant des écoles pour les
enfants. Je reviendrai sur cette question lorsqu'ayant vu les Arabes et les Kabyles chez eux,
je parlerai de l'organisation sociale des uns et des
autres.

Qu'il y a encore à faire en Algérie !

Sans m'occuper pour le moment de la ques-

des étrangers d'origine européenne, sans
ter les Maures, les Koulouglis qui devraient
aturalisés en bloc, ne serait-ce que pour faire
bre devant le péril étranger, sans parler
ertaines tribus du Tell qu'il faudrait pousser
la nationalité française, nous pourrions faci-
ent trouver en Algérie 60,000 soldats indi-
es.

ctuellement, les effectifs étant toujours au
plet, les Bureaux de recrutement refusent
des trois quarts des Volontaires indigènes
se présentent. Et ces soldats indigènes sont
res, disciplinés, braves. S'ils tirent mal, s'ils
t de médiocres soldats de ligne, quels auxi-
es précieux comme éclaireurs, comme troupe
ant-garde et de coups de main ! Les Alle-
ds n'ont pas oublié les charges des Turcos,
charges à la baïonnette du 3ᵉ régiment de
lleurs à Wissembourg, du deuxième à Wœrth.
e serait-ce, quand sonnera l'heure de la grande
rre européenne, s'ils avaient devant eux. non
s les 5 ou 6 mille Tirailleurs, de 1870, mais un
mbre dix fois plus considérable ? 60,000 hom-
s à l'heure actuelle ne sont pas chose à dédai-
er, surtout si nous avons à combattre à la fois
mée allemande et l'armée italienne. Ce serait
ailleurs autant d'éléments d'insurrection enle-
s à nos ennemis qui ne manqueront pas d'es-
yer de créer de l'agitation parmi nos sujets
usulmans. Il faut le dire bien haut parce que le
éril est grave ; à l'heure actuelle, l'Algérie est
onnée d'émissaires allemands et italiens. S'ils
parviennent pas à créer de mouvement in-

surrectionnel, la faute n'en est pas à eux, m
la transformation de la contrée, parce que
pays ayant maintenant des Chemins de fer,
Télégraphes, une population française de plus
plus considérable, toute insurrection est pres
impossible dans le Tell et parce que la ligne
postes du Sud est solidement gardée. L'assassi
de la mission Flatters par les Berbères du Sah
a été commis, les mouvements du Sud-Oranais
1881 ont pris naissance sur un mot d'ordre p
de la capitale d'un Etat que baigne la Médit
ranée.

Au jour d'une guerre européenne, plus n
amènerons d'Indigènes en France, moins no
en aurons à surveiller là-bas. Peut-être mê
pourrons-nous disposer d'une partie des trou
du 19e corps, car les Français d'Algérie ét
soumis au service militaire et les Espagnols se
vant dans nos rangs en vertu de la convention
1862, l'Armée algérienne mobilisée suffira seu
à garder la ligne des hauts plateaux. La popul
tion européenne est assez nombreuse aujourd'h
pour que le pays n'ait plus rien à redouter d
Indigènes. Le péril pour l'Algérie n'est plus a
sud, il est au nord, et quand je dis Algérie, j'e
tends Algérie et Tunisie. J'ai vu sur certai
points des côtes des défenses absolument rud
mentaires. Que par malheur la flotte français
occupée ailleurs, ne soit plus maîtresse de la M
diterranée, l'Algérie est à la merci d'un débar
quement italien. La Corse aussi ! L'Assemblée d
Bordeaux en 1871 a rendu l'Empire responsabl
« de la ruine, de l'invasion et du démembremen

la France. » Nous sommes en République
urd'hui. Le Parlement est le maître, il con-
tout. N'y aura-t-il donc pas un député un
clairvoyant pour dénoncer le péril ? Nous
ons pas à examiner si, en prenant des mesu-
de défense, nous plaisons ou déplaisons à
ou telle puissance. Que nous importe ce que
en pensera à Rome ? Il s'agit pour nous
te en mesure de défendre *toutes* nos posses-
s et *tous* nos intérêts le jour où ils seront
acés. Il n'y a pas que l'Allemagne et la
tière de l'Est sur la carte du monde !

n Algérie comme dans tous les pays neufs la
e n'est pas aussi guindée que dans la vieille
ope. L'habit noir et le chapeau haut de forme
règnent pas en maîtres. Je faisais ces ré-
ons en regardant le cortège bariolé qui suivait
terrement d'un enfant chrétien. En tête mar-
t d'un pas délibéré un vieux curé à barbe
che (le clergé Algérien porte la barbe parce
ux yeux des Indigènes, des « Marabouts »
s barbe ne seraient pas des Marabouts sérieux),
croque morts portaient un large chapeau
d, une pélerine avec des galons blancs autour
ne robe retroussée, également bordée de
c. Les assistants avaient toutes les tenues.
n peu plus loin, c'était l'enterrement d'une
me musulmane ; la morte était portée sur les
ules, le drap mortuaire était rouge, vert,
ne, avec des broderies. L'appareil n'avait rien
triste ni de funèbre, les gens riaient, causaient,
aient tapage.

Les catholiques mènent leurs morts à l'
avant de les enterrer, les musulmans ne p
pas par la mosquée.

Intérieurement une mosquée ne diffère
d'une Eglise. Entrez pour vous en conv
dans la mosquée la plus simple d'Alger, la
quée de la Pêcherie. Les murs sont à pe
nus ; çà et là des versets du Coran pein
jaune. Au milieu la chaire en bois, surm
d'un toit pointu terminé par le croissa
l'Islam. Des nattes sur lesquelles on ne m
point avec des chaussures couvrent le so
fond cependant un assez large espace pri
nattes permet de circuler botté ; près d'
escaliers d'entrée (l'intérieur de cette mo
est en contre bas du sol), un jet d'eau
piscine où les croyants font leurs ablu
Ils arrivent graves, jettent leurs guenilles,
vent, s'avancent sur les nattes, font des co
tes, des génuflexions, se prosternent, se rel
et prient. Puis ils reprennent leurs guenill
roulent en forme d'oreiller, y reposent leur
et font un somme. Il fait si frais dans la mo
on y est si bien tandis que dehors le
chauffe et met comme un engourdissement
toute la nature !

On ne voit jamais de femmes dans les
quées. Quant aux cérémonies elles sont to
très simples ; les Marabouts psalmodient s
même ton que nos curés et les croyan
accompagnent de la voix. Et au moment
tous se prosternent, s'agenouillent, se rel
Tous ont un chapelet à gros grains qu'ils égr

non seulement dans la mosquée mais dehors. L'usage du chapelet chez les catholiques a du reste été emprunté aux musulmans. « Les Chevaliers de Saint-Jean de Jérusalem et du Temple, dit Dulaure dans son Histoire de Paris, ne sachant pas lire, au lieu de l'office auquel ils étaient obligés, récitaient le chapelet à l'imitation des musulmans. Cette manière d'intercéder Dieu en répétant toujours la même prière était fort ancienne puisqu'on la trouve prohibée dans le chapître vi de l'Evangile selon St-Mathieu. »

La mosquée de la Pêcherie est à côté de la Rampe de la Pêcherie, où l'on mange. Les provinciaux d'Algérie, les colons arrivant de l'intérieur à Alger ne manquent jamais de déjeuner à la Pêcherie, de même que nos provinciaux de France venant à Paris dînent au Palais-Royal.

Dans leurs grandes lignes toutes les mosquées se ressemblent, aussi bien celles des croyants orthodoxes que celles des schismatiques. Tout en haut de la ville s'élève la mosquée des Mozabites qui sont des schismatiques. Elle a été bâtie à leurs frais. Ces Mozabites qui viennent des Oasis du M'zab sont, sans doute, proches parents des Berbères, mais non des Berbères purs. Ce sont des hommes énergiques et qui ne craignent pas la fatigue. Les croyants orthodoxes les appellent, non sans dédain, K'hammès (cinquièmes) parce qu'ils sont en dehors des quatre sectes officielles de l'Islam. Traqués et persécutés autrefois, ils se sont réfugiés dans le M'zab, un pays d'une aridité et d'une sécheresse désespérantes et qu'avec des peines inouïes, en creusant dans le sable et dans

le roc des puits forés avec des outils rudimentai
res, ils ont transformé en verger et en jardin. A
Alger et dans les grandes villes, ces Mozabites
sont marchánds de charbon, fruitiers, bouchers,
garçons de bain ; grâce à leur travail et à leur so-
briété ils finissent par amasser un petit pécule et
retournent alors, pour la plupart, finir leur vie
dans leur pays.

Les Mozabites sont surtout marchands, les
Biskris sont portefaix et commissionnaires. Beaucoup de portefaix étant du pays de Biskra, on a
désigné toute la corporation des portefaix sous le
nom de Biskris. Ils arrivent à 10 ou 12 ans et
restent généralement jusqu'à un âge assez avancé.
Ce sont des Kabyles, mais non de race pure ; ils
sont fortement mélangés de sang arabe avec
prédominance de sang berbère. Je les ai vus sur
le port faire des travaux que bien peu de nos ouvriers européens auraient voulu faire. Une lourde
barrique de pétrole ou d'huile sur les épaules, ils
montaient un pied sur chaque timon déposer
leur charge sur la plate-forme d'un camion.

Quant à la population ouvrière européenne,
elle offre une physionomie à part. A misère
égale, la misère à Alger vaut mieux que la misère
à Paris, car elle n'est jamais triste ni répugnante.
Comment ne pas rester gai sous ce beau ciel où
l'on vit à si bon compte et de si peu de chose.
Nul besoin d'habitation bien close, de charbon,
de ces mille riens qui, dans nos climats du nord,
augmentent la dépense d'une manière considérable. Les vêtements, de couleur claire en été, ne
sont jamais maculés comme chez nous ceux de

certaines catégories d'ouvriers de nos faubourgs.
Le pantalon et la veste de laine coûtent si cher à
Paris que les ouvriers des métiers rudes et salis-
sants, les moins payés, ne les remplacent qu'à la
dernière extrémité. Les habits de toile ou de
flanelle de l'Algérien, outre que le prix n'en est
pas élevé se nettoient facilement. Propre, joli,
serviable, l'ouvrier français d'Alger serait parfait
s'il n'avait pas un goût prononcé pour l'alcool.
L'ouvrier français ou maltais se tue par l'absinthe,
l'ouvrier espagnol par l'aguardiente ; le nom seul
change, le résultat est le même.

Le soir, toute la population, ouvriers, employés, commerçants, rentiers, Européens et
Africains se répand par les rues. Les magasins
ferment de bonne heure ; à 7 heures, beaucoup ont
mis leurs volets. A 8 heures, les cafés et les restaurants sont seuls ouverts. Partout, mais surtout
dans les voies de la ville basse, se presse, se
heurte, se coudoie la foule, une foule compacte,
une foule de jour de fête à Paris ; mais que de
différence dans l'allure, le Français vif et toujours
pressé, s'ouvre à coups d'épaules un chemin
au milieu de la masse impossible et lente des
burnous et des gandouras. On reconnaît vite un
nouveau débarqué à son allure plus rapide, car,
chose curieuse et cependant naturelle, les Franco-
Algériens, nés dans le pays, ont pris de leurs
longues flâneries sous les arcades, quelque peu de
l'allure indolente des Indigènes.

Pour qui veut étudier l'Algérie, il existe à
Alger un établissement incomparable qu'il faut
visiter avant de s'enfoncer dans l'intérieur et

qu'il faut visiter encore au retour. C'est l'Exposition permanente des produits de l'Algérie. Un
soldat, le commandant Loche en fut le fondateur.
Peu luxueusement logée l'Exposition ! Vous des-
cendez la rampe de la Pêcherie, fameuse par ses
restaurants, vous aspirez les âpres senteurs du
marché aux poissons et sous une des voûtes du
quai vous trouvez installée l'Exposition. Tout
ce que produit l'Algérie (chênes liège, oliviers,
thuyas, lentisques, myrthes, thérébinthes, cèdres,
sorgho, chanvre, alfa, diss), tout ce qu'elle renferme dans son sein (cuivre et plomb argentifè-
res, fer, gypse, marbre, onyx, porphyre, grès,
calcaires de toutes sortes, pierres à chaux, plâtre),
tout ce que son industrie indigène a créé (poteries, armes, vêtements, chaussures, ornements)
tout ce qui court, grimpe, saute, marche ou
rampe (mammifères, oiseaux, reptiles), tout est
classé, étiqueté, rangé à l'Exposition permanente.

Aux portes d'Alger, comme le Jardin d'accli-
matation aux portes de Paris, le Jardin d'Essai
élève vers le ciel les cîmes de ses arbres géants.
On ne trouve que des végétaux au Jardin d'Essai.
Platanes hauts de vingt mètres, lataniers, bambous
gigantesques, dattiers au tronc énorme, le Jardin
d'Essai est une de ces choses qu'on voit, qu'on
ne décrit pas. On se rend compte en parcourant
le Jardin d'Essai de ce que pourra être l'Algérie,
le jour où elle sera complètement aménagée.

Pour arriver au Jardin d'Essai, on traverse la
banlieue d'Alger le long de la baie, Mustapha,
Hussein Dey, vastes faubourgs dont les con-

structions se relient déjà à la ville et qui forment
comme une rue continue sur la route de Constantine, le long des rails du chemin de fer.
Et quand on longe ces grandes constructions
blanches, en pierres ou en carreaux de plâtre,
qu'on voit la population ouvrière, propre et aimable qui anime les rues, les omnibus et les
tramways qui circulent au trot de leurs chevaux,
on ne s'imagine pas avoir quitté la France d'Europe. Il semble que l'on traverse par une belle
journée d'été, une petite ville de la banlieue sud
de Paris, Gentilly par exemple. Mais quand on
se retourne et qu'on voit l'entassement prodigieux d'Alger, la couleur rouge plaquée de vert
des collines, on sent l'étrangeté de ce pays et
l'on reconnaît l'Afrique. Le long de la mer, in-
finie vers le nord, mais nettement délimitée à
l'ouest par la ligne grise des jetées d'Alger et à
l'est par le promontoire du cap Matifou fermant
la baie, de nombreuses usines profilent sur le
ciel bleu leurs hautes cheminées de briques cer-
clées de fer. Sur les eaux les voiles triangulaires
des barques de pêcheurs glissent comme de
blancs oiseaux, tandis que derrière le remblai du
chemin de fer sur la plage marine, les feux de
peloton des soldats à la manœuvre déchirent l'air
de leurs craquements métalliques. Le champ de
manœuvres de Mustapha est très vaste, mais il
doit être très fatigant d'y manœuvrer. Le sable
fin de la plage s'étend, en effet, sur une grande
partie et le pied entre jusqu'à la cheville dans
un sol fuyant ; mais quel paysage splendide devant les yeux !

Quelques cabanes de pêcheurs s'élèvent près du champ de manœuvres de Mustapha. Et le matin c'est un spectacle curieux que de voir hommes et femmes dans l'eau jusqu'à mi-cuisses tirant sur les énormes filets lancés pendant la nuit tout au bord de la côte. Le poisson ramassé, des enfants nu-pieds et nu-jambes comme de petits indigènes partent le vendre à la ville, les tournettes qui le contiennent en équilibre sur leurs têtes.

Dès que le sable finit, la culture maraîchère commence. Des norias fournissent l'eau en abondance et il pousse sur cette terre, dont l'humus atteint jusqu'à 3 mètres d'épaisseur, de merveilleux produits. Les jardins sont entourés de haies de cannes de Provence, dont la hauteur atteint 4 et 5 mètres. Tout en étant suffisamment clos, les propriétaires tirent encore un petit revenu de ces haies, car un beau pied de canne se vend 10 centimes. Des champs de bananiers, donnant deux récoltes de bananes chaque année, alternant avec des carrés de pommes de terre et de choux. Beaucoup de ces légumes approvisionnent le marché de Paris.

✳

CHAPITRE III

LE SAHEL D'ALGER

La route d'Alger à Guyotville. — Guyotville. — Les dolmens. — La population primitive de l'Algérie. — La Trappe de Staouëli. Les dunes. — Les pins maritimes. — Le pays arabe en 1830, le pays français en 1887. — La colonne de Sidi Ferruch. — Zeralda. — La population française des villages. — L'esprit et les tendances des colons. — Fouka. — Castiglione. — Bérard. — Le tombeau de la Chrétienneté. — Aspect du Sahel. — La brousse. — La vigne. — La phtisie et le climat du Sahel.

Paris étant sur le 48ᵉ degré de latitude nord et Alger sur le 37°, les crépuscules sont plus courts à Alger qu'à Paris. Faute de nous être pénétrés de cette vérité nous éprouvâmes, mon compagnon et moi, quelques mécomptes. Nous avions, en effet, projeté de nous lever de fort bonne heure afin de nous mettre en route au point du jour et d'éviter ainsi la grande chaleur, mais ne voyant pas :

Des maisons l'aube blanchir le faîte

nous ne nous pressions pas de nous habiller. La clarté s'étant faite tout d'un coup, nous réfléchîmes, mais un peu tard, que nous nous étions rapprochés de l'Équateur. Nous pensâmes que le plus sage était d'attendre maintenant le premier départ des omnibus et nous restâmes à regarder la ville d'Alger s'éveiller. Il y avait dans l'air une fraîcheur tiède qui nous pénétrait délicieusement. Les hirondelles volaient en grand nombre et poussaient de petits cris joyeux ; des Maures qui avaient passé la nuit sur les terrasses des maisons faisaient leurs ablutions et tout somnolents se tournaient vers l'Orient pour prier Allah ! Les cafés maures s'ouvraient et les Indigènes qui avaient dormi dans l'intérieur allongés sur des nattes apparaissaient sur le seuil et s'étiraient comme des chats ; le caouadji rallumait son feu. Dans la rue, des Juives avec le serre tête noir allaient d'un pas alerte remplir à la fontaine les lourdes cruches de cuivre rouge posées sur leur tête. Les ouvriers européens commençaient à circuler et échangeaient des politesses avec les Indigènes, puis les ménagères françaises venaient acheter chez le caouadji maure l'aromatique café arabe pour le déjeuner du matin. Nous descendîmes à notre tour et après avoir, nous aussi, rendu visite au caouadji, qui, pour 4 sous remplit nos bidons de café, nous allâmes faire connaissance avec la diligence. Ceux de mes compatriotes qui ont fréquenté ces véhicules primitifs apprendront sans doute avec plaisir que la diligence algérienne n'est ni plus luxueuse ni plus moëlleuse que sa sœur aînée de la Métropole. En revanche, elle est infiniment plus agréable à cause de la rapidité avec laquelle les petits chevaux arabes dévorent l'espace. 3 ou 5 chevaux en plaine, 7 dans les côtes, maigres, nerveux, excellents à la course, mais sans épaules et nullement bons pour le trait, galopent sans cesse. Je les ai vus en pays de montagne faire 80 kilomètres par la grande chaleur sans autre arrêt qu'une demi-heure pour boire et souffler un peu. Les chevaux d'importation française, au contraire, craignent le soleil. On est obligé de leur mettre des chapeaux de paille sur la tête.

La route d'Alger à Guyotville s'allonge entre la mer et les premiers contre-forts des collines du Sahel. Quoiqu'il ne soit que 6 heures du matin au départ d'Alger, la diligence est déjà pleine de ménagères de Bab-el-Oued et de Saint-Eugène venues à la ville, qui vendre des provisions, qui en acheter. A Bab-el-Oued, on attend longtemps le courrier qui s'est arrêté à boire en route. Il arrive enfin en coup de vent, dans sa légère cariole en faisant claquer son fouet. Et ce sont nos trois petits chevaux arabes qui paient le retard. A la sortie de Bab-el-Oued nous passons devant un Pensionnat de jeunes filles dirigé par les religieuses des Missions d'Afrique. Le pensionnat tout blanc, est entouré d'un vaste jardin où de grands arbres et des plantes d'Afrique, — aloès, cactus, figuiers de barbarie, — couvertes de poussière, forment un fouillis pittoresque.

Les flancs de la Bouzaréa serrent de près la route ; de l'autre côté quand les constructions cessent, on aperçoit la mer. Plus loin les collines sont boisées ; des pins d'Alep, des pins maritimes, des casuarinas font songer à un paysage du

nord transporté sous le ciel d'Afrique ; des buées
sorties de la mer, qui s'enfoncent dans les creux,
s'accrochent aux branches des arbres, pendent le
long des côteaux, et complètent l'illusion. Guyotville, un beau bourg tout français s'avance jusqu'au dessus de la mer que sa place publique
domine. Des rochers noirâtres, aux formes bi-
zarres, déchiquetés, dentelés, troués et contre
lesquels les vagues se brisent avec fureur dès que
le vent souffle, font de la côte de Guyotville,
une côte peu hospitalière. Aussi, les sinistres
maritimes y sont-ils fréquents. Chaque hiver, des
barques s'y perdent, des hommes s'y noient.

A quelques kilomètres au sud-ouest de Guyotville, sur les collines, il y avait jusqu'à ces dernières années un champ de plus de 300 dolmens.
Les gens du pays les ont cassés pour en tirer de
la pierre à bâtir. Il en reste actuellement une
trentaine situés au milieu des vignes, dans la
propriété d'un ancien professeur du lycée d'Alger, M. Kuster. Pour y arriver, on prend un
chemin vicinal qui s'amorce près de la maison
d'école de Guyotville.

Nous montons un plateau le long duquel sont
creusés des canaux d'irigation alimentés par des
sources. Les habitants paraissent à leur aise. Ils
sont aimables et polis. Les travailleurs que nous
rencontrons dans les champs montrent beaucoup
de complaisance à nous indiquer l'endroit où sont
situées « les grosses pierres. »

Une partie du plateau et la pente sont plantés
en vignes. Les souches portent d'énormes grappes presque mûres. Mais que de terres encore à

défricher ! Ouvriers ou paysans de France qui
avez de la peine à vivre avec quelques milliers de
francs de capital, jeunes Français qui, disposant
d'un peu d'argent, ne savez comment en tirer
parti, que n'allez-vous en Algérie ? Si le travail
ne vous fait pas peur, si la vie saine et fortifiante
des champs n'est pas pour vous déplaire, si la
chasse, le cheval vous séduisent, que ne vous
fixez-vous dans ce splendide pays algérien? Vous
aurez des terres d'une admirable fertilité à des
prix dérisoires, vous aurez des travailleurs indigènes à 1 fr. 50 par jour, et si vous plantez
la vigne, la troisième année les fûts de vin
empliront vos celliers. Notez que la vie dans les
villages algériens est plus agréable que dans les
villages de France. Non-seulement les choses
nécessaires à la vie sont à bas prix, non seulement des routes superbes permettent de con-
duire les produits du sol dans les centres, mais
encore il existe dans presque tous les villages des
sociétés de chant, des fanfares, des troupes d'a-
mateurs qui jouent la comédie. En outre, des co-
médiens de profession qui ne laissent pas d'être
fort présentables parcourent le pays.

Du haut du plateau de Guyotville on saisit
bien le caractère général du Sahel. Le Sahel
d'Alger est la partie de la région Tellienne qui
s'étend entre la mer et la plaine, pays bosselé de
collines parallèles d'une altitude de 300 à 400
mètres. Quand on a franchi ces collines on trouve
des plaines qui s'étendent jusqu'aux premiers
contreforts de l'Atlas. La plus caractéristique
de ces plaines est la Mitidjah.

Ce qui reste des dolmens de Guyotville a été en 1886 classé parmi les monuments historiques. M. Kuster en a fouillé un certain nombre. Il a trouvé des ossements, des poteries en terre (certains des vases sont d'une grande pureté de lignes), des bracelets, des agraffes de bronze, des coquillages de mer percés d'un trou rond au milieu, et de petites haches en silex brun. Très peu d'instruments en silex aux environs des Dolmens ! Du reste les silex taillés m'ont paru assez rares sur tout le territoire que j'ai visité. Quel est le peuple qui a dressé ces monuments de pierre? Le peuple autochtone sans doute, le premier qui ait habité le pays ? Mais quel était-il ? De souche Berbère? C'est probable. En tout cas, ce peuple connaissait déjà le bronze puisque des bracelets et des agraffes de ce métal ont été découverts à Guyotville ? A côté d'objets en bronze se rencontrent des outils en pierre éclatée et de petites haches en pierre polie. M. Pomel, un archéologue algérien des plus distingués, résume ainsi la question des populations primitives :

« La couche ethnique, dit-il, sur laquelle tou-
« tes les immigrations des Phéniciens, des Ro-
« mains, des Vandales, des Byzantins, des
« Arabes, des Turcs, sont venues s'implanter
« dans l'Afrique septentrionale, paraît être en-
« core celle qui constitue l'assise principale. Les
« Arabes ont nommé ces populations des Ké-
« baïles ou plus généralement encore des Mau-
« grebins ; les Romains les désignaient sous les
« noms de Numides et de Mauritaniens ; les
« Carthaginois paraissent avoir créé la désigna-

« tion de Maurusiens ou de Maures, identique
« à celle de Maugrebins dans la langue des Se-
« mites, c'est-à-dire gens de l'Ouest. Les Grecs
« les nommaient Libues (Libyens), nom dérivé
« de Liboua que ces peuples se donnaient, que
« leurs historiens berbères ont conservé, et que
« mentionnent les plus anciennes annales égyp-
« tiennes. Il est vrai que ces mêmes annales à
« une époque moins ancienne mentionnent
« aussi des Tamahou dans la Libye et que ce
« nom est trop voisin de celui de Tamacheh
« (idiome des berbères) pour ne pas lui être
« identifié. Cette race, douée d'une résistance si
« opiniâtre pendant une aussi longue série de
« siècles, occupait toute la région septentrionale
« de l'Afrique et du Sahara, depuis l'Egypte
« jusqu'à l'Océan Atlantique, et c'était elle en-
« core qui habitait les îles Canaries sous le nom
« de Guanches et qui s'y est éteinte depuis la
« colonisation européenne de cet archipel.

« Ces Liboua ou Tamahou paraissent même
« avoir résisté à une absorption ethnique qui
« aurait pu se produire une quinzaine de siècles
« avant Jésus-Christ ; car ils avaient été envahis
« par un flot de population blonde, qui ne pou-
« vait certainement être venu que des régions
« du Nord par une route que l'on peut soup-
« çonner être l'Espagne ou le détroit de Gibral-
« tar. On a cru, en effet, pouvoir identifier cette
« invasion avec celle dont parle Salluste comme
« tirée des chroniques de Hiemsal, et dont le
« chef ou Hercule serait mort avant le passage
« du détroit. Quant aux désignations de Mèdes,

« de Perses et d'Arméniens données à ces popu-
« lations, tout porte à les croire apocryphes ou
« mal traduites. Quoi qu'il en soit, ces blonds ont
« poussé leurs invasions jusque dans la basse
« Egypte, très probablement mêlés aux Libyens,
« avec lesquels même ils auraient été définitive-
« ment confondus sous le nom de Tamahou.

« Si les blonds aux yeux bleus que l'on ob-
« serve encore au milieu des Kabyles et qui y
« constituent soit des groupes de famille en des-
« cendance pure et directe, soit des réminiscen-
« ces de métissages par des retours ataviques,
« sont le résultat de cette invasion, il faut ad-
« mettre que cet élément a été numériquement
« assez peu important pour que son influence se
« trouve aujourd'hui en quelque sorte reléguée
« dans les cas d'exception.

« Parmi les groupes de population qui parlent
« encore la langue des Tamahou ou quelqu'un
« de ses idiomes et, en mettant à part ces frac-
« tions, témoignent d'une ancienne infusion de
« sang de race blonde, on est bien loin encore
« de trouver une homogénéité de types qui ne
« laisse aucun doute sur sa pureté. Même parmi
« ces blonds dont nous venons de parler, il y a
« des distinctions à faire, et les Rifains entre au-
« tres, par leur musculature charnue, sont telle-
« ment différents des Chaonias blonds qu'il est
« très difficile de les faire remonter aux mêmes
« sources. Ne seraient-ils pas plutôt des Vanda-
« les attardés et restés en route ? A coup sûr, ce
« ne sont pas non plus de vrais Berbères quoique
« parlant la langue isnatia.

« Dans le type brun, il n'est pas possible
« d'identifier au Berbère le Mozabite à mœurs si
« particulières ; sa figure plus pleine; son nez
« plus large, plus droit quoique sans caractère
« négrite qui exclue l'idée de croisement de ce
« côté, forment contraste avec le vrai type Ka-
« byle. On pourrait trouver encore d'autres grou-
« pes qui leur paraissent apparentés, les Kselnas,
« par exemple, dans la vallée de la Mina, ou qui
« portent les traces de différences ethniques
« variées. Un anthropologiste exercé trouverait
« certainement matière à des observations très
« instructives sur les vrais caractères de cette
« race peu connue, remarquable par son an-
« cienneté dans le nord de l'Afrique, et si résis-
« tante qu'elle paraît avoir submergé toutes
« celles qui s'y sont alliées et est en train même
« de submerger la race arabe en décroissance
« manifeste.

« Les Auteurs grecs, et les romains, à leur
« suite, ont énuméré un nombre considérable de
« peuplades dont les noms se sont modifiés ou
« substitués, suivant les chances heureuses ou
« malheureuses des luttes incessantes qu'elles sou-
« tenaient les unes contre les autres ; mais en
« dehors de ces désignations particulières à des
« groupes restreints, il en est d'autres plus géné-
« rales qui pouvaient correspondre à des identités
« ethniques qu'il s'agirait de résoudre. Y avait-il
« différence entre les Numides et les Maurita-
« niens ? Peut-être pas ; mais si les vrais noms
« des peuples de ces Etats étaient ceux de Mas-
« syliens ou de Massessyliens (ce qui pourrait

« faire admettre l'identité) n'étaient-ils pas diffé-
« rents des Gétules, et qu'étaient vis-à-vis de ces
« derniers les Mélanogétules ? Qu'étaient aussi
« les Garamantes de l'Epoque romaine et qu'é-
« taient les Mélano-Ethiopiens ? Leurs apparen-
« tés, peut-être ? Toutes questions qui peuvent
« facilement être posées, mais bien difficiles
« à résoudre et qui sont dignes de toute l'atten-
« tion des anthropologistes modernes. Les
« Rhouara sont-ils les descendant des Mélanogé-
« tules ? Est-ce à leurs ancêtres qu'il faut attri-
« buer ces débris d'une civilisation très ancienne,
« révélée par des monuments et par les dessins
« rupestres, si remarquables, des bords du Sahara
« et même de la région du Tell, qui semble bien
« indiquer une race distincte ? Ne seraient-ce
« pas des Nigrites qui auraient été les occupants
« primitifs des régions barbaresques, d'où ils
« auraient été refoulés par les Tamahous ou
« Libouas envahisseurs ? D'où seraient alors venus
« ces derniers, si ce n'est par l'Ibérie et par
« le détroit de Gibraltar, franchi tant de fois et
« en sens contraire par les courants d'émigra-
« tion ? Ces Libouas eux-mêmes n'auraient-ils
« pas été poussés hors des régions méridionales
« de l'Europe par un autre flot d'envahisseurs
« blonds, venus du Nord ? Ce sont autant d'in-
« connues ; mais ce ne sont peut-être pas des
« problèmes insolubles. De nos jours la lumière
« a pénétré des obscurités plus profondes.

« Les Musulmans nous ont transmis comme
« monuments de la civilisation suscitée par leur

« mouvement religieux, de délicieuses œuvres
« d'art dans leurs palais et leurs mosquées.

« Les Vandales n'ont laissé pour traces de
« leur passage que le martelage des statues et
« leur mutilation.

« Les Romains nous étonnent par leurs cons-
« tructions ; citernes, aqueducs, amphithéâtres
« et thermes.

« Les Mauritaniens et Numides de l'époque
« romaine, pour marquer sans doute quelque
« parenté avec le peuple égyptien des Pyramides,
« ont érigé ces monceaux de pierres taillées qui
« se nomment Médracen, Kber-er-Roumia, Ter-
« naten et Djedars, tous monuments funéraires.

« Quel est le peuple qui, à des époques anté-
« rieures, avait dressé tous ces monuments mé-
« galithiques bruts, Menhir, Dolmen, Tumuli et
« enceintes variées, symboliques ou non, qui
« abondent en nombre de cantons du Tell et
« même du Sahara : monuments dont les der-
« niers peuvent dater de l'apparition du bronze,
« mais dont les premiers datent de la pierre po-
« lie et peut-être de la pierre éclatée ? Sont-ce
« ces blonds, fusionnés avec les bruns Liboua,
« dont ils auraient pris la langue, mais auxquels
« ils auraient donné certaines de leurs coutu-
« mes ? Ou sont-ce ces bruns qui seraient arrivés
« eux-mêmes par le seul fait de l'évolution so-
« ciale au degré de civilisation que comportent
« l'outillage néolithique et le monument mégali-
« thique ?

« Les fouilles ne seront sans doute pas im-
« puissantes à nous l'apprendre un jour, si elles

« sont organisées et dirigées en vue d'étudier les
« modifications successives de ces manifestations
« de l'intelligence humaine dès ses débuts.

« Nous commençons aussi à recueillir des
« documents sur des temps plus reculés encore.
« Nous avons la preuve de l'existence d'un
« homme préhistorique, chassant les éléphants,
« hippopotames et autres quadrupèdes et en
« possession d'outils capables de faire des entail-
« les dans les os. Mais si nous avons des témoi-
« gnages de cette industrie rudimentaire et des
« restes de ses repas, nous n'avons encore
« aucune pièce ostéologique qui nous renseigne
« sur son caractère ethnique. Il y a tout lieu
« d'espérer que des recherches nouvelles nous
« mettront un jour en possession de ces pré-
« cieux *renseignements*. »

Le vin que M. Kuster tire de ses vignes est
excellent, nous bûmes notamment d'un vin
blanc (très coloré) qui ne serait pas indigne d'un
de nos bons crus de France.

Le vin du Sahel n'est pas parmi les plus
renommés d'Algérie. Cela tient un peu à ce que
les vignerons recherchent plus la quantité que la
qualité. A mon passage, le vin de la précédente
récolte se vendait aux marchands en gros de 12
à 15 fr. l'hectolitre. Il a généralement un goût de
terroir assez prononcé.

On ne cultive guère les céréales dans le Sahel,
la vigne y réussissant mieux. Les routes sont
bordées de buissons de cactus, de figuiers de
barbarie, d'agaves.

De la propriété Kuster on jouit d'une vue magnifique. Devant le regard charmé s'étendent des collines en partie défrichées et couvertes de vignes, d'autres encore en broussailles, plus loin, de l'autre côté de la vallée qui suit la route de Staouëli, des dunes d'un jaune blanc nettement coupées par la ligne sombre de la mer au-dessus de laquelle flottaient des brumes d'un violet clair.

Cependant le soleil montait sur l'horizon et nous avions encore un bout de chemin à parcourir pour gagner la Trappe de Staouëli où nous comptions passer la soirée. Quand nous fûmes redescendus dans la vallée, mon compagnon et moi, nous commençâmes à trouver qu'il faisait chaud. Chargés comme nous l'étions, la dernière heure de marche fut rude, car nous eûmes à monter une longue pente aride, couverte de rochers et de sable. C'était la continuation des dunes. Certains points de la côte du Sahel sont, en effet, envahis par les dunes. Avant la conquête, ces masses de sable gagnaient peu à peu sur le terrain cultivable et, avec l'incurie des musulmans, tout le pays entre la mer et les collines n'eut pas tardé à devenir une montagne de sable. Pour arrêter la marche de ces sables, on a imaginé d'enfoncer des pieux et de faire des palissades à la hauteur de la couche supérieure. Si la couche s'élève on enfonce de nouveaux pieux. On combat aussi l'ensablement, et c'est le meilleur moyen, par des plantations de pins. Du côté de la mer, la propriété des Trappistes est protégée par une ceinture de pins maritimes.

La Trappe, outre le cloître, est une immense exploitation agricole où quelques Pères (robe blanche avec une sorte de tablier en drap noir par devant) et quelques frères, leurs lieutenants, (en robe grise avec capuchon et calotte), commandent à une armée de travailleurs civils. Le jardin est de toute beauté. Des platanes, des eucalyptus, des palmiers, des orangers, toutes sortes de fleurs y poussent à ravir.

Le couvent de la Trappe règne sur 1,200 hectares de terre. La vigne couvrira 600 hectares ; 500 sont déjà plantés. Le cellier peut contenir 120 foudres. De novembre 1886 à juin 1887, il a été vendu pour plus de 400,000 francs de vins, tous les frais de plantation, culture, vendange, fabrication, transport s'élevant à 125,000 francs. 70 bœufs de labour, 40 vaches, 30 chevaux, 30 mulets, 1,000 poules, des lapins pesant jusqu'à 13 livres peuplent les écuries et les basses-cours. Des oranges, des citrons, des pêches, des pommes, des poires, des prunes..... sont récoltés dans les jardins et rapportent de belles sommes. 70 hectares de géraniums (une tonne de feuilles rendant un litre) produisent de l'essence qui se vend au poids de l'or. 80 hectares de bois d'eucalyptus servent et à assainir et à fabriquer la charronnerie et l'ameublement. Des forges, des chantiers, des carrières permettent au couvent de n'acheter que du fer. Des condamnés militaires, payés à quelques sous la journée, défrichent et bâtissent pour la Communauté. Et maintenant si, émerveillé et un peu épouvanté de cet étalage de richesses inouïes et leur comparant le costume et la table modestes de vos hôtes, vous demandez à un père : « Mais à qui va tout cet argent, pour qui toute cette épargne ? » il vous répondra d'un ton doux, comme si votre ignorance l'étonnait : « Au général des Jésuites à Rome ! »

Dans le Sahel c'est de 7 heures à 9 heures du matin que la chaleur est le plus sensible. Après 9 heures la brise de mer, une brise tiède, et qui rafraîchit, commence à souffler. Le soir, la brise de terre empêche le trop rapide refroidissement. Le vent du sud, le siroco, s'y fait rarement sentir, arrêté qu'il est par les lignes de montagnes. C'est un climat délicieux et qui fait contraste avec le climat rude des plateaux. La chaleur n'y dépasse pas $+30°$ et il n'y gèle jamais. Aussi, les petites villes du littoral, Tenès, Cherchell, Dellys, Bougie sont-elles en partie peuplées de vieux fonctionnaires retraités venus de France pour y finir leurs jours sous un ciel enchanteur.

C'est près de la Trappe de Staouëli, à Sidi-Ferruch que les Français débarquèrent en 1830. Une pyramide qui se trouve à l'intersection de la route de Coléah et d'un chemin remontant vers la mer, indique que ce chemin a été ouvert par l'armée française en 1830. Quand on vient de lire cette inscription et qu'on reporte les yeux sur ce pays aujourd'hui si florissant avec ses villages français aussi serrés que nos villages de la Métropole, ses terres bien cultivées, ses canaux d'irrigation, et qu'on fait la comparaison avec le pays arabe tel qu'on peut encore le voir

sur certains points de l'intérieur, on comprend
que ce ne sont pas des figures de langage ces
mots si souvent écrits dans les livres ou dans les
journaux : « La France a ouvert à la civilisation
l'Afrique du nord. » Non seulement les Musulmans n'ont rien fait, rien créé, mais ils ont
détruit ou laissé perdre ce qui existait. Sec, desséché jusque dans ses profondeurs, sans routes,
sans ponts sur les Oued, sans eau, sans arbres, à
moitié inculte et revenant à la broussaille primitive, le pays arabe est navrant à contempler. Là
où l'Islamisme a pénétré, là où il habite, il a
amené la désolation. Il a ruiné les contrées les
plus florissantes. C'est un fléau pire que les sauterelles, parce que les sauterelles passent et que
lui reste. Guerres intestines perpétuelles, déboisement du pays par l'incendie des forêts allumé
pour faire brouter aux chèvres les jeunes branches
qui repousseront, dès lors pluies irrégulières, —
les rivières, à sec en été et torrents en hiver, la
montagne dénudée se ravinant et toute sa terre
végétale descendant à la mer, tel était l'ét
dans lequel les Arabes avaient, en dix siècles, mis
l'Algérie verdoyante et prospère à leur arrivée.

Zéralda au fond d'une vallée splendide e
un bourg viticole. Les coups de marteau des
tonneliers y résonnent. Les vendanges appro-
chent et la quantité dépassera agréablement les
prévisions.

Ces villages algériens ne ressemblent nullement à nos villages de France. Ils ont une physionomie absolument particulière; ils sont à la

fois campagne et ville. Maisons coquettes mais basses, charrues, troupeaux, horizon étendu, c'est bien la campagne, mais les rues propres, larges, bien entretenues, bordées de trottoirs, plantées d'arbres, les places, les fontaines, donnent un air de petite ville bourgeoise au village agricole. Les colons pleins d'entrain, de vigueur, de bonne humeur, mieux habillés que nos paysans ont un cachet tout spécial. Ils sont instruits et montrent cette urbanité que dans la France d'Europe on acquiert seulement à la ville. Au café ou dans les conversations du soir on ne parle pas petitement de petites choses selon l'habitude de nos hameaux français. Les récentes expériences de culture, les méthodes perfectionnées dans la lutte contre la terre, les grandes questions nationales, la comédie diplomatique qui se joue en Europe en attendant le drame, sont le sujet ordinaire des entretiens. Mais les meilleures choses deviennent mauvaises par l'excès. Un des côtés fâcheux de cette élévation d'esprit est le manque de prudence. On veut faire grand, très grand ! On ne doute de rien. On ne compte là-bas que par hectares et par dizaines d'hectares. Tel petit colon qui vivrait heureux et déculperait son capital s'il se contentait d'une exploitation de quelques hectares selon ses ressources entreprend de défricher des 40 ou 50 hectares. Comme il n'a pas assez de capitaux, il emprunte, et à quel taux ! Les bénéfices qu'il tire de son entreprise sont beaux, sans doute, et très rémunérateurs, mais il a emprunté à si gros intérêts que tout se

trouve pris pour le paiement des arrérages de sa
dette. C'est là le mal en Algérie. L'argent y est
encore trop rare et cher. J'ai connu des gens qui
avaient emprunté à 30 $\%$. Comment pourraient-ils
payer ce qu'ils doivent et vivre dans de telles
conditions ? Ah ! si ceux qui, en France, ont des
capitaux dont ils ont peine à tirer 3 ou 4 $\%$ les
plaçaient dans la Colonie, ils doubleraient ou
tripleraient leurs revenus, et assureraient la prospérité du pays. Il n'y a pas plus de 5 ou 6 ans
que l'argent français commence à se tourner vers
l'Algérie. De quel accroissement de ressources
ne disposerions-nous pas si nous avions placé
dans l'Afrique Française seulement la dixième
partie de l'argent avec lequel nous avons aidé
nos voisins à s'armer pour nous détruire ?

Un autre trait propre aux villages algériens,
c'est que l'esprit de clocher n'y existe pas. Il
n'y a pas cette union morale, cette solidarité
entre les familles que l'on remarque chez nous,
où, depuis plusieurs siècles, les mêmes groupes
vivent et se reproduisent dans le même pays.
Dans ces villages algériens de formation récente,
où les habitants sont souvent venus de coins différents de la France, la mort passe sans étonner.
Il ne se produit pas ce vide, ce déchirement de la
grande famille villageoise qui fait que chez nous
la mort d'un habitant atteint non seulement ses
parents, mais ses voisins, ses camarades d'enfance
et d'école.

En Algérie, la mort d'une personne en émeut
5 ou 6 autres, et c'est tout.

En outre, parmi la vieille population coloniale

de l'Algérie, parmi les « vieux-colons » comme on dit, il y a beaucoup de cerveaux brûlés. Nombre de gens se sont fixés sur le sol algérien parce qu'ils avaient eu « des histoires » dans leur pays de France, non de vilaines histoires, (ces gens-là sont tout aussi honorables que les autres) mais des histoires de famille, des fâcheries, à la suite desquelles ils ont passé la mer et, « se sont débrouillés » comme ils ont pu. La « jeune Algérie » au contraire, c'est-à-dire les colons débarqués dans ces dix dernières années, ont généralement réfléchi avant de partir. Et ce n'est pas un coup de tête qui les a lancés sur la terre d'Afrique. Ceux là sont généralement bien outillés, pécuniairement parlant. Ils réussissent. D'autres « jeune Algérie » sans fortune et qui réussissent aussi, sont des vignerons de la vallée du Rhône et de la vallée de la Saône, ruinés par le phylloxéra. Ils ont reconquis l'aisance par un labeur opiniâtre.

A quelque distance de Zéralda, l'Oued Mazafran (la rivière jaune) se jette dans la mer. On le traverse sur un large pont d'où on le voit engloutir ses eaux jaunâtres dans la mer bleue.

Presque sur les bords de la rivière, une autrucherie laisse apercevoir un troupeau d'une centaine d'autruches se promenant derrière un enclos palissadé. C'est une Anglaise qui a établi cette exploitation. On avait fondé de grandes espérances sur l'élevage de l'autruche en Algérie. Située aux portes de l'Europe, l'Algérie, si les autrucheries s'y étaient développées, eut pu faire une concurrence fructueuse à la Colonie anglaise du Cap. Mais le manque des immenses espaces dont l'autruche a besoin pour prospérer, et surtout la destruction de ce volatile dans le Sahara où à force d'être chassée elle a presque disparu, ont arrêté l'essor des autrucheries algériennes. Actuellement, tandis que l'Algérie exporte des plumes pour une très faible somme, le Cap en vend pour 35 millions de francs par an.

Il y a une station de Bains de mer à Fouka, (une des fameuses colonies militaires à l'aide desquelles Bugeaud rêvait de peupler le pays) et une belle plage à Castiglione un peu plus loin. Mais il faut se défier des coups de soleil. De Castiglione à Bérard la route, encaissée entre les collines, traversant des ravins embroussaillés de lentisques et de lauriers roses, passant à travers des Oueds desséchés, a un caractère sauvage très prononcé. On voit devant soi une masse montagneuse en forme de cône et qui produit un effet fantastique. On la croit près et elle est loin, car le Chenoua est situé dans la presqu'île entre Tipaza, ville romaine, et Cherchell, autre ville romaine.

Au village de Bérard, nous vîmes un Français de la Nièvre, arrivé 4 ans auparavant phtisique et crachant épouvantablement le sang, et que le climat doux du Sahel avait remis sur pied.

Ce phtisique paraissait bien rétabli, il avait même une apparence de vigueur et de bonne santé qui ne permettait guère de douter que la terrible maladie ne l'eût définitivement abandonné.

Du reste, depuis longtemps déjà les médecins ont reconnu les propriétés thérapeutiques particulières du climat d'Alger et du Sahel. Dès 1836 le D' Bonnafont dans sa *Géographie médicale d'Alger et des environs* arrivait aux conclusions suivantes :

1° Que les affections de poitrine et la phtisie surtout forment la classe la moins nombreuse des maladies qui sévissent sur la population indigène et européenne d'Alger.

2° Qu'à chance égale, un phtisique placé dans des conditions favorables, sous l'influence de ce climat, et soumis à un traitement habilement et sagement dirigé, obtiendra plus de soulagement, sinon sa guérison, que sous le climat de France.

Le D' Moreau (communication à l'Académie de médecine) constate :

1° Que la phtisie est extrêmement rare chez les habitants du Sahel ;

2° Que les Européens en sont rarement affectés ;

3° Que les progrès de la maladie chez les Européens sont arrêtés en même temps que la cause ;

4° Que la maladie est loin d'être constamment fatale.

Le D' Dru (*Annuaire thérapeutique 1850*) affirme que la tuberculose ne s'observe que très exceptionnellement dans la population indigène; que les Européens qui n'apportent pas avec eux les germes de la maladie à Alger, ne deviennent presque jamais phtisiques; que ceux qui arrivent atteints de cette affection guérissent fréquemment, même dans les cas graves ; qu'en tout cas les progrès et la marche de la maladie sont ralentis ; mais que lorsque les tubercules sont ramollis, le climat cesse d'être favorable. — Lui-même en est une preuve : Venu vers l'âge de 40 ans en Algérie atteint de pneumonie chronique et peut-être d'un commencement de tuberculose, il est mort septuagénaire, ayant eu une clientèle nombreuse à soigner et un service quotidien à l'hôpital civil.

« Envoyé en Algérie comme médecin militaire, en 1845, sous le coup d'une phtisie pulmonaire rapidement conduite au 2e degré par les froids brumeux du nord de la France, nous dûmes constater, après 3 années de séjour, que la maladie s'était éteinte sans nous avoir entravé, même un seul jour, dans l'exercice, souvent pénible, de nos fonctions médicales, soit aux hôpitaux et ambulances, soit en expéditions militaires trop souvent agrémentées d'incidents de température brusques et variés.

« Or, la maladie était pourtant certaine. Le diagnostic de nos chefs et camarades de France et d'Algérie devant être, pendant cette période de lutte heureuse contre le mal, trop douloureusement confirmé par la mort survenue en France de deux jeunes membres de notre famille, mort dont la cause, selon des avis compétents, était une ponte tuberculeuse. Il y avait donc hérédité, situation grave entre toutes. »

Et après une enquête officielle demandée par la Société de climatologie d'Alger, le Dr Feuillet conclut : que le nombre des décès par la phtisie est beaucoup plus faible en Algérie qu'en Europe ; que le climat du littoral algérien réunit les avantages de tonicité maritime et ceux des effluves paludéennes de la plaine ; que la phtisie est rare chez l'indigène ; que la phtisie, même au degré de ramollissement, peut guérir ou présenter, avec état d'amélioration satisfaisante, des cas remarquables de longévité.

Au delà de Bérard les céréales commencent à apparaître. On bat le grain sur des aires en plein vent, des bœufs ou des chevaux piétinant la paille. Moyen primitif qu'emploient les Indigènes et maint petit colon et que les grandes fermes françaises ont remplacé par la machine à vapeur.

A la ferme de Beauséjour — (Beauséjour est la corruption de l'ancienne dénomination arabe qui signifiait : le Père arbre. Les Arabes emploient volontiers le mot Bou, Père, pour désigner des noms de lieux, Bou Medfa, père canon, Bou Saâda, etc.) — nous quittons la grande route pour nous engager dans un sentier muletier qui escalade la montagne. Nous marchons sur une terre tantôt noire, tantôt rougeâtre, grumelée par la sécheresse. L'ascension est rude, nous avons attrapé la veille un bon coup de soleil pour être restés plusieurs heures à nous baigner dans la mer à Castiglione et nous ne sommes « pas en train ». Nous atteignons enfin le sommet d'un plateau et nous voyons se dresser la masse grisâtre du Tombeau de la Chrétienne. Les sources de ce plateau sont salées et ferrugineuses. Les fermes dépendent du même propriétaire que celle de Beauséjour. La propriété entière compte 860 hectares d'un seul tenant.

Le Tombeau de la Chrétienne, très probablement une sépulture des anciens rois Numides, est un énorme bloc circulaire, formé de gros rectangles de pierre rentrant les uns sur les autres, de façon que chaque rangée forme un gradin circulaire et que l'on puisse parvenir au sommet du monument. L'extérieur est dégradé moins par l'usure du temps que par le vandalisme d'un Dey d'Alger qui au XVIII° siècle fit tirer à boulets sur le Tombeau à côté duquel un gardien est aujourd'hui installé. Le gardien est un vieux Breton, ancien soldat, qui est en Algérie depuis 45 ans. Ses filles sont mariées dans les villages de la plaine. Il s'est bâti une maison avec des matériaux ramassés autour du Tombeau. Une seule salle, avec la terre battue pour plancher ; pour lit, une planche posée sur deux cubes de pierre et recouverte d'un matelas d'herbe ; telle est sa très sommaire installation. Ce brave homme a des rhumatismes et se plaint que son traitement ne lui soit pas très régulièrement payé.

Aux alentours du monument, des fûts de colonnes, des pierres de taille couvrent le sol. Pour pénétrer à l'intérieur il faut parcourir quelques mètres en rampant. Des degrés font monter d'une salle carrée à un couloir de 149 mètres de longueur qui semble contourner le monument, mais qui, en réalité, s'infléchit peu à peu vers le centre. La hauteur d'abord de 3 mètres ne tarde

pas à baisser. On a quelque peine à traverser des dalles verticales qui autrefois ont probablement bouché le passage, mais qui aujourd'hui
sont à demi brisées. On arrive enfin dans une
salle centrale, là où étaient probablement les
sarcophages. On n'y a rien trouvé ; peut-être
avait-elle déjà été fouillée ?

Le Tombeau de la Chrétienne a 34 mètres d'é-
lévation de la base au sommet. Comme il est
bâti au point culminant des collines du Sahel, de
sa plate forme on jouit d'une vue très étendue.
A une telle hauteur on saisit très bien l'aspect
général du pays. Pour un Français élevé dans
des contrées verdoyantes, cette nature sèche et
nue, toute différente de celle de son pays étonne
un peu à première impression. Ces oueds sans
eau, ces montagnes aux arêtes vives, aux lignes
pures, aux teintes changeantes, ce ne sont plus
nos rivières, nos collines ombreuses, notre ciel
toujours un peu voilé. Mais ce qui frappe le
plus, c'est la transparence et la pureté de l'air.
On distingue nettement les moindres objets à
des distances considérables. Il n'y a pas de myo-
pes dans ce pays. La poussière et les tons blancs
aveuglent quelquefois : On voit parfaitement, ou
on ne voit pas du tout.

Et ce pays un peu étrange d'abord, on ne
tarde pas à le préférer au nôtre. On se baigne
dans cette atmosphère pure et lumineuse, dans
cet air qu'embaume le parfum des myrtes et des
lentisques de la brousse. Derrière nous la mer
aux tons bleus, tout le Sahel montueux et bosselé, blanc, avec les carrés sombres des vignes ; à

nos pieds la Metidja plane, unie, sans une ondu-
lation, semée de villages blancs entourés de
verdure ; en face, les tons heurtés, les arêtes
entrecoupées des chaînes abruptes de l'Atlas —
lequel paraît si rapproché dans cette lumière de
l'air qu'on croirait l'atteindre d'une enjambée.
De petits coups de siroco passaient, pareils aux
bouffées chaudes que lance la gueule d'un four,
ou une locomotive sous pression. Il se dégageait
de tout cet admirable pays un tel charme que
l'on serait resté des heures à regarder l'immense
étendue que l'œil embrassait. Un tel panorama
ne pourrait jamais se voir dans nos climats toujours attristés d'un peu de brume. En Algérie on
le peut voir tous les jours.

Nous descendons à regret et nous nous orien-
tons pour gagner Montebello dans la Metidja.
Une fois de plus nous constatons que la ligne
droite n'est pas toujours le plus court chemin
d'un point à un autre. Victimes de cette erreur
d'optique qui, en Algérie, à cause de la transparence de l'air fait paraître proches les objets
éloignés, nous dédaignons un sentier qui circule
avec mille détours sur les flancs du plateau et
nous jetons en pleine brousse. La brousse (officiellement dénommée forêt, à l'ébahissement du
bon public qui lit sur les statistiques officielles
qu'il y a une plus grande étendue boisée en Algérie qu'en France), est embaumée. Il s'en
dégage une odeur balsamique très agréable. Des
buissons de lentisques, des myrtes, des arbou-
siers, des chênes nains hauts d'un mètre, compo-
sent la brousse. Tous ces arbustes sont ce qu'en

langue vulgaire nous nommons « des plantes grasses. » Les feuilles d'un beau vert sont épaisses et charnues. Le sol est nu, sans herbe ni mousse. Des volées de perdrix rouges s'envolent des broussailles. Un porc-épic saute devant nous et en bas une petite fille arabe, la première que nous rencontrons depuis Alger, nous salue d'un air aimable.

CHAPITRE IV

LA METIDJA

Les Eucalyptus. — Montebello. — Marengo. — Colonisation officielle et Colonisation libre. — L' « Armée roulante » et les Hôpitaux. — La fièvre intermittente. — L'Absinthe. — La Syphilis.
— El-Affroun. — Les Gorges de la Chiffa. — Blidah la volup-
tueuse. — Maison Carré. — L'Alma. — Bellefontaine. — Colonies Alsaciennes. — Menerville.

L'Eucalyptus est un des rares arbres présen-
tant le phénomène de deux feuillages : les feuilles du bas sont presque rondes et d'un vert pâle,
tandis que celles des branches supérieures sont
allongées en forme de fer de lance ou recourbées
et étroites comme un sabre. Elles sont aussi
plus épaisses et d'un vert plus foncé. On ne
compte pas moins de 150 variétés d'eucalyptus.
Labillardière, un botaniste attaché à l'expédition
que l'Assemblée nationale envoya en 1792 sous
les ordres de d'Entrecasteaux à la recherche de
Lapérouse, découvrit le premier l'*eucalyptus globulus*, le plus précieux de tous les eucalyptus. « Le
12 mai 1792, dit Labillardière, je n'avais pu me
procurer encore les fleurs d'une nouvelle espèce
d'eucalyptus remarquable par son fruit qui res-

semble assez à un bouton d'habit (*globulus*). Cet arbre, un des plus élevés de la nature, ne porte de fleurs que vers son extrémité. Le tronc est propre aux constructions navales et pourrait servir à la mâture, quoiqu'il ne soit pas aussi léger ni aussi élastique que le pin. Il nous fallut abattre un de ces arbres. Le soleil était alors brillant, la sève montait avec abondance et au moment de la chute elle sortit en grande quantité du milieu de la partie inférieure du tronc. Ce bel arbre, de la famille des myrtes, est recouvert d'une écorce assez lisse ; les branches se contournent un peu en s'élevant ; elles sont garnies à leurs extrémités de feuilles alternes légèrement arquées, longues d'environ 8 décimètres sur un demi de large. L'écorce, les feuilles et les fruits sont des aromates. »

Bénis soient ceux qui les premiers plantèrent l'eucalyptus en Algérie ! D'une crue extrêmement rapide, il grandit de 5 à 6 mètres la première année. Les années suivantes la crue se ralentit un peu ; j'en ai vu qui, plantés depuis 12 ans, avaient plus de 30 mètres de hauteur. Dégageant une odeur balsamique, détruisant le germe des fièvres paludéennes, l'eucalyptus transformera l'Algérie. Les Français de la Loire ou de la Seine se plaignent quelquefois que l'Algérie manque de verdure ; l'eucalyptus lui donnera verdure et ombre. Il a tout pour lui, cet arbre. Ses feuilles infusées dans l'eau donnent une boisson que pour ma part je préfère au thé. Et cette boisson est un fébrifuge. Les expériences faites par M. le Dr Moret à Marengo ne laissent aucun doute à cet égard. Les abeilles qui butinent sur ses fleurs donnent un miel non seulement d'un goût exquis, mais de propriétés thérapeuthiques peut-être supérieures à celles du goudron pour le traitement des maladies de poitrine. Bienheureux eucalyptus ! quels éléments de prospérité ne peux-tu pas fournir à l'Algérie ! Montebello en a de forts beaux qui bordent les trottoirs.

A Montebello nous commençons à voir des Indigènes. Comme nous sommes à l'époque la plus chaude de l'année, beaucoup sont en simple gandoura. La gandoura ressemble à la chemise des femmes d'Europe. Ces indigènes sont employés chez les Français, les tout petits gardent des troupeaux de bœufs et de vaches. C'est un spectacle curieux de voir courir autour de ces bêtes, énormes pour eux, ces minuscules enfants semblables, par leurs formes délicates, à des statuettes de bronze. C'est dimanche : les gamins français du bourg jouent dans les rues, et les petits indigènes, les bestiaux ramenés à l'étable, viennent les rejoindre. Dans le Café Français, des Musulmans adultes, qui ne se font pas faute de boire du vin ou des liqueurs, jouent aux cartes avec des colons et racontent — en excellent français — l'histoire d'un Marabout qui perdit tout crédit sur ses correligionnaires pour avoir été surpris buvant l'absinthe. Et le narrateur indigène ajoute : « Le marabout a dit qu'il eut mieux aimé perdre 20 francs que d'être ainsi vu. »

On ne cultive guère que les céréales dans la Metidja. Sur cet épais terreau, le blé pousse à merveille. L'hectare de terre y vaut déjà quinze cents francs et le prix augmente. Sur certains points mal défrichés le palmier nain pousse encore. Fichue plante que ce palmier nain ! A Paris, on le cultive très soigneusement dans des pots ; là-bas, on s'acharne à le détruire. Quoi-qu'on en tire le crin végétal, les cultivateurs le vouent aux Dieux infernaux. Il est, en effet, une entrave sérieuse pour la culture ; ses racines plon-geant jusqu'à un mètre et demi dans le sol, ré-sistent à la défonceuse mécanique. Sa hauteur au-dessus du sol atteint à peine un demi mètre. On est obligé de l'arracher à la pioche et d'enlever toutes les racines pour en venir à bout.

Marengo est à l'extrémité occidentale de la Metidja. Menerville est à l'extrémité orientale. La Metidja est la grande plaine d'alluvion de la Province d'Alger. Nettement délimitée, au nord par les collines du Sahel, à l'ouest par le Che-noua (900^m), le Nador, le Zaccar ($1,600^m$), au sud par un côté de l'énorme massif de l'Ouarensenis, un des plus mouvementés de l'Algérie, et par la bordure septentrionale de l'Atlas, enfin à l'est par les massifs de la Kabylie, la Metidja, quoi-que la partie la moins salubre de la Province d'Alger, est cependant la plus peuplée, parce que c'est la partie basse, riche, prodigieusement fer-tile. Elle a 30 lieues de long sur 5 de large. Au moment de la conquête, faute de trayaux, la Metidja n'était sur la moitié de sa superficie qu'un marais. On a desséché ce marais, on l'a assaini et peuplé.

A l'ouest d'Alger la Metidja est traversée par

le chemin de fer d'Oran, à l'est par celui de Constantine et de Tunis.

L'histoire de Marengo est fertile en enseignements. Marengo est le type du village de colonisation officielle, créé de toutes pièces par l'Administration. Il forme un bloc carré avec des voies très larges se coupant à angle droit. Une ceinture de platanes d'une grosseur et d'une hauteur étonnantes l'entoure et en borde les rues. Une place immense avec fontaine et abreuvoirs, au fond de laquelle s'élève la maison d'école et où se tient le marché, en complète la physionomie. Les habitations, très coquettes, avec des murs épais et jamais plus d'un étage, sont le plus souvent environnées d'un jardin. L'eau, les arbres, les larges voies, les maisons blanches se retrouvent dans tous les bourgs algériens. Et dans ce paysage lumineux l'effet produit est autrement décoratif et d'une poésie beaucoup plus intense que dans nos villages de France.

— En 1848 après les journées de juin, Enfantin proposa de diriger sur l'Algérie les 10,000 insurgés prisonniers. Chacun d'eux aurait reçu 150 hectares de terre et l'argent nécessaire à leur mise en culture par les journaliers indigènes. Au bout de 10 ans, la terre étant en valeur et l'Administration ayant été remboursée de ses avances, le Français serait devenu propriétaire de 75 hectares et le travailleur indigène de 75 autres. Mais les prisonniers ayant été déclarés indignes de recevoir des concessions, l'Assemblée nationale vota 50 millions pour l'établissement de colons libres. C'est alors qu'on créa le centre de Marengo. Des ouvriers parisiens, tailleurs, cordonniers et autres, dont maint ne savait pas distinguer un épi de blé d'un épi de seigle, vinrent vivre en rentiers aux frais du gouvernement. Ce qui arriva était à prévoir : quand l'Administration fut lasse de nourrir les colons, ceux-ci abandonnèrent ou vendirent leurs concessions, revinrent en France ou allèrent grossir les rangs de « l'armée roulante ». Sur 2,000 habitants que compte actuellement Marengo, moins d'une vingtaine peut-être descendent des colons de 1848.

Le système des concessions gratuites n'a presque nulle part réussi : Les résultats sont tout autres quand l'Administration met les terres domaniales en adjudication.

La vente des terres domaniales est d'ailleurs prévue par la loi du 20 décembre 1879. Cette loi relative à l'organisation de l'enseignement public en Algérie a prescrit que les dépenses d'installation des écoles supérieures, de lettres, de sciences.... seraient soldées par le produit de la vente d'immeubles domaniaux. Les lots mis en adjudication en exécution de cette loi ont été vendus presque toujours le double de leur mise à prix. Le produit des ventes a dépassé 2 millions 1/2 de francs.

M. de Lanessan a très bien résumé la question, dans son beau livre : l'Expansion coloniale de la France. Il dit :

« Notre premier souci, doit être d'attirer en « Algérie le plus grand nombre possible de « colons français et particulièrement de colons

« ruraux. Pour cela nous avons vu que les con-
« cessions gratuites sont plus nuisibles qu'utiles.
« Il importe donc d'y renoncer et de se livrer à
« la vente des terres. L'homme qui achète a
« presque sûrement l'intention et les moyens
« d'exploiter la terre qu'il a payée ; on ignore
« presque toujours si celui à qui on la concède a
« les moyens ou les qualités nécessaires à l'ex-
« ploitation de la concession.

« Mais pour que la vente soit fructueuse, il
« faut qu'elle soit connue. Pour cela il est indis-
« pensable que l'Administration algérienne or-
« ganise des moyens de renseignements qui lui
« manquent à l'heure actuelle. Il est vrai qu'elle
« affiche ses ventes en France, mais cet affi-
« chage est toujours insuffisant, non seulement
« par le nombre, moins encore et surtout par les
« renseignements fournis. Il devrait y avoir
« dans chaque département Algérien un bureau
« chargé de fournir à toute personne, vraiment
« intéressée, les notions les plus exactes sur la
« nature et l'état des terrains à vendre, leur
« situation, la présence ou l'absence de routes
« dans leur voisinage, la qualité de ces routes, la
« nature des ressources de la localité en eaux
« vives, etc., etc., les cultures possibles ou non
« possibles sur le terrain, le chiffre approximatif
« des dépenses à faire pour le défrichement, en
« un mot, tous les éléments capables d'aider les
« futurs colons à prendre une détermination en
« connaissance de cause. Et jusque dans les
« plus petites communes de France, on devrait
« savoir à qui s'adresser pour obtenir ces rensei-

« gnements. Les Basques vont tous dans l'Amé-
« rique du sud, parce que tout le monde dans le
« pays basque, connaît, au moins de réputation,
« l'Amérique du Sud. Des Basques en sont reve-
« nus, qui y ont fait fortune ; ils en ont parlé à
« leurs compatriotes et un courant s'est établi.
« Ce courant se porterait tout aussi bien en
« Algérie, si les Basques entendaient parler de
« l'Algérie, s'ils savaient qu'on y peut vivre tout
« aussi facilement que dans la Plata, et que l'on
« y peut faire fortune sans plus de travail ni de
« privations. »

Dans certains grands villages algériens il y a
un hôpital, précieuse ressource pour les gens
pauvres. On y soigne non seulement les malades,
mais on y recueille les vieillards, on y héberge
les « armées roulantes » fatiguées. L' « armée
roulante » est l'ouvrier toujours sans ouvrage,
parce qu'il n'en cherche jamais, qui fait la na-
vette sur les routes entre les grandes villes. —
Chaussé de sandales en été, portant son bagage,
quand il en a, dans un de ces paniers tressés
qu'on appelle coufins, n'ayant pas de besoins
sous ce climat chaud et sous ce ciel presque
toujours pur, le « roulant » vit, tout l'été, de fi-
gues de barbarie qu'il cueille aux haies de cactus. Veut-il « faire la fête ? » Il décortique des
feuilles d'agave, tresse avec les fibres des mè-
ches de fouet qu'il vend 2 sous la douzaine,
et avec les quelques centimes ainsi gagnés, il
s'abrutit à coups de verres d'absinthe. Inoffensif,
s'appliquant à ne pas subir de condamnations, le
roulant, quand il est Français, est très fier de son

titre de citoyen. Il y a dans l'armée roulante pas mal d'Allemands. Ce sont les derniers restes de Colonies venues sous le règne de Louis Philippe. Tandis que le Français, homme de climat marin, s'acclimate très bien dans les plaines basses de l'Algérie, l'Allemand y fond. En France, la moyenne des enfants ne s'élève pas à 3 par ménage ; les Français d'Algérie présentent une moyenne de plus de 5 enfants vivants par famille. La race allemande, au contraire, si prolifique en Europe, transportée en Afrique, disparaît en 50 ans. En Algérie, pour 1,000 Allemands qui naissent, il en meurt 1,006.

Bien des vieillards recueillis aux hôpitaux algériens sont des épaves de tous les pays, échoués là après une vie tourmentée. Je vis à celui de Marengo, un beau vieillard, à la longue chevelure blanche, au regard jadis ardent mais aujourd'hui éteint et comme voilé. Les tristesses de l'exil l'avaient peu à peu courbé, et son énergie s'était usée à travers les déboires et les souffrances des pérégrinations sur une terre étrangère. C'était un Polonais, un de ces terribles « Faucheurs de la Mort » qui, en 1863, avec leurs faux redressées, luttèrent pour l'indépendance nationale contre les fusils et les canons d'une armée régulière.

Des salles spéciales sont toujours affectées aux syphilitiques arabes. A côté de vieilles mégères au nez disparu qui se vantent, à tort ou à raison, d'avoir « *couché avec Abd-el-Kader* », de belles filles montrent avec coquetterie leurs jambes aux attaches fines et leurs bras ronds cerclés de lourds bracelets plaqués d'argent. Ces belles filles ne resteront plus longtemps belles ; leurs cartilages se déforment, leurs chairs s'affaissent, car les ravages du mal vénérien sont terribles chez les femmes arabes. Les femmes *n'ayant pas d'âmes*, pourquoi les maris, qui leur ont communiqué la « grande maladie », dépenseraient-ils de l'argent à les soigner. « M. le Toubib, j'ai le *grand mal*, dit l'Arabe qui vient consulter le docteur. » — « Eh bien ! il faut prendre ceci et cela. » — « Ça coûtera combien ? » — « Tant ! » L'Arabe soupire, marchande, puis se résigne. Il ajoute : « Ma femme aussi a le « *grand mal* », M. le Toubib. » — « Il faut la soigner. » — « Est-ce que ça coûtera autant que pour moi ? » — « Sans doute. » — « Ah ! M. le Toubib, ma femme ne vaut pas tant d'argent. J'aime mieux qu'elle meure. »

Marengo est situé sur l'emplacement de l'ancien lac Halloula, desséché et transformé en terrains de culture. Quand l'hiver a été pluvieux, il arrive que la cuvette de l'ancien lac se remplit, les canaux d'écoulement s'engorgent, l'eau séjourne dans les bas-fonds, et à la fin de l'été il se produit des cas de fièvre paludéenne. Grâce à l'obligeance de M. le docteur Moret, médecin de l'hôpital, un des plus aimables hommes que je connaisse, j'ai pu voir de près la fièvre de marais. Localisée sur quelques points, elle est presque toujours bénigne en Algérie. Les accès pernicieux sont très rares, et maintes fois on a accusé la fièvre des méfaits de l'alcool. Des accès de *delirium tremens* ont été baptisés par les intéressés accès de fièvre pernicieuse. L'alcoolisme est, en effet, la plaie de l'Algérie. La funeste habitude de boire l'absinthe, — presque la seule boisson avant l'extension de la culture de la vigne, — le sot préjugé qui fait avaler des quantités énormes d'alcool, sous prétexte de tonification, ont causé parmi la population algérienne autrement de ravages que la fièvre. Dans vingt-cinq ans d'ici, grâce à une meilleure hygiène, grâce aux planta- tions d'eucalyptus, aux progrès de la culture, à l'aménagement du pays, la fièvre aura complète- ment disparu. Déjà aujourd'hui il n'y a peut-être pas dix endroits en Algérie où on la connaisse autrement que de nom. J'ai entendu prononcer là-bas un mot qui, sous une forme paradoxale est bien vrai : « La fièvre n'atteint que les gens inin- telligents. » En effet, ceux qui, habitant des coins de plaine basse où la fièvre existe encore, veulent bien prendre quelques précautions : boire soit de l'eau filtrée ou bouillie, soit l'infusion des feuilles d'eucalyptus et surtout, vivant hygiéni- quement, mettre de côté la bouteille d'absinthe, ceux-là sont sûrs d'être indemnes.

Une autre cause de fièvre, outre la situation des points fiévreux sur d'anciens fonds de maré- cages, est le mauvais aménagement des eaux. Marengo, par exemple, est périodiquement noyé d'eau. A 6 kilomètres du village, l'Oued-Meurad a été arrêté par un énorme barrage qui relie les deux flancs de la vallée. On a ainsi de l'eau pour les irrigations. A Marengo, elle coule tou- jours dans les ruisseaux ; deux fois par semaine elle vient dans les jardins où elle séjourne plu- sieurs heures de suite. Comme on n'a pas cons-

truit de rigoles pour en faciliter l'écoulement, il
se forme, de ci de là, de petits dépôts de vase
dont le soleil fait dégager les miasmes. Le barrage de l'Oued-Meurad emmagasine derrière ses
murs deux millions de mètres cubes d'eau. Deux
cents litres d'eau sortent du barrage chaque seconde et se répandent par des canaux dans la
campagne. En aval de Marengo, l'Oued-Meurad
se réunit à l'Oued-Bourkika et prend le nom
d'Oued-Nador ; ce dernier longe le Chenoua et
finit dans la mer, près de Tipaza. L'Oued-Bourkika passe au village de Bourkika, célèbre dans
les fastes de la Metidja, pour sa défense contre
les Arabes soulevés en 1871. A cette époque
sombre où la France d'Europe paraissait près de
périr, la France d'Afrique eut sa part de mal-
heurs. Les grands chefs arabes, comblés d'honneurs par le Gouvernement Impérial, le Kabyle
Mokrani, dont on avait fait comme un vice-roi, se
soulèvent. Un jour les habitants de Bourkika
virent les montagnes environnantes blanches
d'Arabes. Les colons de Bourkika étaient peu
nombreux, mal armés. Ils ne perdirent cependant pas courage. Comme les Arabes appro-
chaient, ils réunirent tous les chaudrons qui se
trouvaient dans le village, et se mirent à faire un
vacarme épouvantable. Les Arabes s'arrêtent,
hésitent, se figurent entendre les roulements de
tambours d'une colonne de soldats en marche,
tournent le dos et s'enfuient.

Mon compagnon de voyage qui en sa qualité
de médecin a fait un service journalier pendant

3 mois dans un hôpital de la Metidja résume ainsi ses impressions sur l'état sanitaire :

« Au point de vue sanitaire, dit-il, l'Algérie a
« trois ennemis, l'alcoolisme, la syphilis, et la
« fièvre intermittente dans les plaines basses du
« Tell. Vous entendez souvent répéter cette
« phrase passée à l'état de cliché : Notre climat
« est débilitant. Il faut pour lutter contre son
« influence se tonifier au moyen de boissons al-
« cooliques. Et de fait ces donneurs de conseils
« les suivent avec une scrupuleuse exactitude et
« ce n'est pas un des moindres étonnements de
« l'étranger qui arrive en Algérie que de voir
« l'effroyable consommation d'absinthe qui s'y
« fait. Il y a des gens qui ont positivement
« la religion de l'absinthe. J'ai observé notam-
« ment pendant un séjour de plusieurs mois dans
« un village de la Metidja une famille presque
« pauvre dont tous les membres allaient réguliè-
« rement au café à la même heure. Un jour j'eus
« l'indiscrète curiosité de leur demander : Où
« allez-vous donc de ce pas ? Ma question sem-
« bla étonner profondément. — Mais prendre
« l'absinthe parbleu ! — Il y a même en Algérie
« une expression, passée dans la langue, que vous
« retrouvez tous les jours dans les journaux :
« A l'heure bénie de l'absinthe... »

« Naturellement, je ne ferai pas au lecteur
« l'injure de croire qu'il peut penser que je me
« rends aux raisons des Algériens pour justifier
« leur goût de l'absinthe : Je suis de ceux qui
« croient que l'alcool peut être un aliment, peut
« au moins servir de tonique dans les pays à

« température froide ; mais en Algérie aucune
« raison de ce genre ne peut être invoquée.
« Les gens qui « s'absinthent » n'ont donc à
« arguer d'aucune nécessité. Ils aiment l'absin-
« the et ils en boivent, voilà tout. Cependant on
« peut se demander comment ce goût au moins
« étrange des liqueurs fortes sous une pareille
« latitude a pu venir à toute une population, car,
« il faut l'avouer, en Algérie presque tout le
« monde prend l'absinthe. — J'en ai trouvé
« l'explication suivante ; on oublie trop souvent
« que la culture de la vigne est récente en Algé-
« rie. On peut dire d'une façon générale qu'il y
« a dix ans il n'y avait pas de vin en Algérie, ou
« du moins qu'il n'y en avait pas assez pour la
« consommation. D'un autre côté, l'eau pure
« potable est rare. Il faut pourtant boire sous un
« soleil ardent. On buvait donc au début de la
« conquête de l'eau additionnée d'un peu d'ab-
« sinthe que la modicité des prix mettait à la
« portée de toutes les bourses. Cette habitude
« nous a valu la perte de bien des officiers d'a-
« venir dont l'intelligence est restée au fond des
« verres, car c'est une liqueur traîtresse que la li-
« queur verte. Elle continue à nous valoir bien
« des santés délabrées, qu'on met sur le compte
« du climat, et qui devraient tout simplement être
« mises sur le compte d'une funeste habitude,
« dont, il faut l'espérer, l'Algérie pour son bon
« renom et celui de la France, se corrigera.
« Le grand danger de l'alcoolisme en Algérie,
« outre celui de débiliter l'organisme, est qu'il
« fait merveilleusement bon ménage avec les

« deux autres maux de l'endroit, je veux dire la
« syphilis et la fièvre.

« Je ne dirai que deux mots de la syphilis ;
« cette maladie fait des ravages énormes dans
« les rangs de la population musulmane et elle
« n'apporte pas un petit obstacle au croisement
« des races. En effet, ce n'est pas pour rien
« qu'on l'appelle le mal d'Orient. Elle infeste la
« contrée arabe. Et le malheur est que l'Arabe
« la respecte, comme il fait d'ailleurs des poux
« et des puces..... Un Arabe se promène très
« bien sans plus s'inquiéter de la perte de son
« nez que s'il n'avait jamais été doué par la
« nature de cet appendice que la maladie lui a
« enlevé. L'incurie et la saleté perpétuent un
« mal auquel une bonne hygiène pourrait appor-
« ter de grands remèdes.

« L'Arabe supporte avec la même apathie la
« fièvre intermittente. A peine s'il a recours con-
« tre elle à la thérapeutique de ses prêtres. (Celle-
« ci se borne tout entière à des scarifications
« sur la poitrine, avec une flanelle et des pointes
« de feu). Mais ici son apathie lui sert merveil-
« leusement. Tandis que l'organisme d'un Euro-
« péen plus robuste se révolte brutalement
« contre l'invasion du miasme paludéen et peut
« succomber quelquefois dans cette lutte au
« milieu d'accès qualifiés pernicieux, l'Arabe
« subit pour ainsi dire la fièvre et soit accou-
« tumance, soit plutôt défaut de résistance
« du système nerveux, celle-ci se borne chez lui
« à des accidents légers. Pendant trois mois
« de séjour en Algérie, suivant tous les jours la

« mortalité dans un hôpital de la Metidja —
« plaine fièvreuse, — j'ai vu succomber quel-
« ques Européens (l'année était excessivement
« mauvaise), tous mouraient en quelques jours
« dans des accès aigus nommés par les habi-
« tants accès pernicieux. Cette mortalité était
« moindre chez les Arabes, mais par contre les
« accidents chroniques de l'impaludisme, l'ané-
« mie, la cachexie étaient bien plus frappants
« chez eux. Et je ne serais pas éloigné d'y voir
« les principales causes de la paresse et de l'in-
« curie des Indigènes. Il serait peut-être témé-
« raire d'aller plus loin et de découvrir dans la
« cachexie palustre l'origine de cette colora-
« tion blafarde que présente le type arabe. Je
« donne cette hypothèse pour ce qu'elle vaut.
« Toutefois il ne faudrait pas se figurer que, en
« raison de leur long séjour, les Arabes sont,
« comme les animaux de leur pays, indemnes de
« la fièvre. Plusieurs autopsies d'Arabes même
« jeunes m'ont révélé les signes non douteux
« d'une véritable cachexie palustre.

« Dans un chapitre consacré aux affections
« locales, on ne me pardonnerait pas de ne pas
« donner mon appréciation sur l'Algérie au point
« de vue de la guérison de la tuberculose.

« A cet égard, je puis affirmer qu'il règne de
« déplorables erreurs, même parmi les médecins
« de France qui envoient leurs malades en Al-
« gérie on pourrait dire à tort et à travers. En
« effet, l'Algérie n'est pas partout semblable
« à elle-même et tel point de son territoire
« comme le Sahel peut offrir aux tuberculeux

« des stations favorables quand tel autre est,
« je dirai, presque mortel. J'ai recueilli à cet
« égard le témoignage précieux du Dr Moret
« qui a exercé aux deux extrêmités de la Metidja,
« à Menerville et à Marengo. Dans la première
« de ces villes, tous les malades que l'hôpital de
« Mustapha lui envoyaient mouraient avec une
« rapidité extraordinaire. C'est le contraire à
« Marengo où ils se guérissent souvent. Une
« autre exposition, une altitude différente, l'in-
« fluence des émanations du lentisque, plante
« tonique par excellence, expliquent ces résultats,
« au dire du Docteur. Toujours est-il que les cas
« d'affection pulmonaire sont très rares à Ma-
« rengo. La fièvre, il est vrai, est une compen-
« sation. Cependant, convenons que l'incurie des
« habitants la perpétue surtout. Faut-il encore
« citer le témoignage du Dr Moret ? Ses malades
« d'une salle de l'hôpital sous les fenêtres de
« laquelle passait un courant d'eau avaient de
« fortes attaques de fièvre. Le Docteur eut l'idée
« de faire transporter ses malades dans une
« autre salle dont les fenêtres ne donnaient pas
« sur le jardin humide, mais sur une cour sèche.
« Le succès dépassa toutes les espérances. Les
« accès disparurent comme par enchantement.
« Ces choses ont beau être répétées à la popula-
« tion, elle n'en persiste pas moins à arroser ses
« jardins à la mode mahonaise, ce qui fait de
« chacun d'eux de véritables petits marais pon-
« tins dont les miasmes paludéens se dégagent
« sous l'influence des rayons du soleil.
    « Cela est si vrai que je ne veux pas quitter

« ce chapitre sans citer un mot typique d'une
« personne intelligente et qui suivait assez les
« conseils du Docteur pour qu'à sa table on ne
« fit usage que d'eau minérale. Une de ses do-
« mestiques par routine ou par entêtement
« n'ayant pas voulu se soumettre à ce régime et
« ayant continué l'usage de l'eau de l'oued
« Meurad est prise de fièvre. Le Docteur arrive,
« la dame lui raconte la chose et ajoute : « N'a-
« vez-vous pas remarqué, Docteur, que la fièvre
« ne prenait pas les gens intelligents ? » Le
« Docteur sourit. Cette remarque, il l'avait faite
« depuis longtemps, et, dans sa maison, si on ne
« buvait pas de l'eau minérale, toujours chère, on
« buvait de l'infusion d'eucalyptus. Résultat :
« ses hôtes purent traverser une période où l'épi-
« démie avait atteint une intensité dangereuse
« sans être le moins du monde incommodés et
« ils ont pu revenir en France avec la satisfac-
« tion de rapporter une rate dont les dimensions
« n'avaient pas changé. On sait, en effet, que
« l'hypertrophie de la rate est la première con-
« séquence de l'impaludisme aigu ou chronique.
« Puisque j'ai parlé médecine, je ne voudrais
« pas abandonner ce sujet sans dire quel fut
« mon étonnement de retrouver dans les popu-
« lations exactement les mêmes préjugés qui
« régnaient en France lorsqu'elles l'avaient
« quittée. Chacun sait que le Canada a fidèle-
« ment gardé la langue, les mœurs et les coutu-
« mes de la mère-patrie au XVIIIᵉ siècle. Eh bien,
« quelque chose de pareil s'est produit pour cer-
« tains coins de l'Algérie, au moins en ce qui con-

7.

« cerne la médecine. Tel village bâti en 1848,
« habité par les descendants des transportés ne
« jure que par Raspail, a pour les saignées et
« les bonnes purges un enthousiasme qui eût
« réjoui le cœur de Broussais. Dirai-je ce que
« j'ai vu, de mes yeux vu ? Pourquoi pas ? Sur le
« front brûlant d'un pauvre petit râlant de con-
« vulsions, j'ai vu appliquer un pigeon saignant
« et sur le sein d'une nouvelle accouchée, j'ai vu
« mettre de la peau de serpent ! En France d[e]
« pareilles superstitions n'existent plus ou n'exis-
« tent que dans les dernières classes de la
« société. (Ce n'était pas le cas). Il faut dire que
« ces superstitions sont dues au voisinage et à la
« fréquentation d'une population espagnole don[t]
« la crédulité n'est un mystère pour personne.
« Une foule de remèdes venus de « Tra-los
« Montes » trouvent quantité de gens po[ur]
« croire en leur efficacité. »

Un peu à l'ouest de Marengo, commen[ce]
la région montagneuse qui part du Chenoua a[u]
bord de la mer et par le Nador et l'Œil d[u]
Monde gagne le massif de l'Ouarensenis. C[e]
massif fait presque pendant à celui de Kabylie [à]
l'autre bout de la Metidja. Mais comme ce[tte]
région se soude à l'Atlas et aux Hauts Platea[ux]
nous la visiterons après la plaine.

En attendant qu'on relie Cherchell à la grand[e]
ligne d'Alger à Oran, la gare de Marengo est
El-Affroun qui compte un millier d'habitan[ts]
D'El-Affroun à Maison Carrée et de Maiso[n]
Carrée à Menerville la ligne traverse un pay[s]

plat avec des villages entourés d'eucalyptus, d'immenses champs de céréalés où le palmier nain pointe encore par places, avec des oueds où la broussaille remplace l'eau, avec, au nord, le chaos des collines du Sahel, et au sud, le chaos des montagnes de l'Atlas. Aucune boursoufflure, aucune dépression du sol : une ligne horizontale, voilà la Metidja.

A la Chiffa commencent les orangers. Autrefois, la Metidja était dans sa partie occidentale couverte d'orangers et d'oliviers. Les ravages de la guerre et les mauvais calculs des colons qui ont fait du charbon avec des orangers et des oliviers centenaires ont détruit ces précieux arbres. Il n'y a plus aujourd'hui d'orangers qu'autour de Blidah. A l'époque où la Metidja était couverte d'arbres et de marais, c'était un repaire commode pour les fauves, lions, panthères qui, de l'Atlas, venaient se poster dans la plaine. Lions et panthères sont presque passés à l'état de mythe aujourd'hui, les lions surtout.

De la gare du village de la Chiffa aux premières pentes de l'Atlas la distance ne dépasse pas 5 kilomètres. La rivière de la Chiffa a par extraordinaire toujours de l'eau et dans la plaine entre sa sortie des gorges et sa réunion au Mazafran, lle alimente des canaux qui irriguent les cultures et font tourner des moulins. C'est la route nationale d'Alger à Laghouat par Médéa, retrouvée à la sortie du village, qui conduit aux gorges. Dans quelques annés, les coups de sifflet des locomotives troubleront dans leurs retraites les singes de la Chiffa et les wagons rouleront dans les gorges jusqu'à Médéa, puis sur les Hauts Plateaux jusqu'à Laghouat. A travers les Chotts, à travers la mer d'Alfa et marchant peu à peu vers Figuig, Oran a déjà son chemin de fer de pénétration vers le sud. Biskra aux portes du Désert vient d'être relié par un railway à Constantine; Alger à son tour va construire sa voie ferrée vers le sud. Bientôt les dattes des Oasis — fruits exquis — se vendront bon marché à Paris.

La montagne commence brusquement ; ses pentes abruptes tombent presque à pic sur la Metidja. Les oliviers et les orangers cessant tout d'un coup, on voit devant soi la large coupure de la Chiffa. Il faut faire une douzaine de kilomètres en remontant vers Médéa pour voir les gorges dans leur caractère le plus sauvage. Là, c'est réellement imposant. Des montagnes tantôt pelées, tantôt couvertes de pins, se heurtent, s'entrecoupent, se resserrent jusqu'à avoir à peine quelques cent mètres entre elles. Au-dessous de soi, comme au fond d'un précipice, sur des galets et des rochers d'ardoise, la Chiffa roule sans bruit un mince filet d'eau. La route a été ouverte en plein roc à coups de mine et dans une situation telle qu'on était obligé de suspendre les soldats qui la construisaient par des cordes et de les laisser filer le long du précipice pour forer les trous de mine. Des cascades descendent le long de la montagne. Un peu avant d'arriver au ruisseau des singes, un suintement qui lance une pluie fine jusque sur le chemin a des propriétés pétrifiantes.

Cette route d'Alger à Laghouat est très fré-
quentée. De lourds chariots de transport, des
voitures de grains, des Arabes avec leurs bourricots sans bride gros comme des chiens, passent
sans cesse. En août, de véritables armées de
moutons, qui viennent du sud et qui vont à
Alger s'embarquer pour la France, la sillonnent.

Rien n'est curieux comme l'embarquement de
ces moutons. On établit un pont de bateau du
quai au navire. On pousse les moutons en les
piquant avec des baguettes et en les excitant
par des sifflements aigus et les mots *arri, arri,*
répétés d'une voix rauque et gutturale. Un plancher montant les introduit dans le navire. Là, on
les place sur une planche inclinée qui leur permet de glisser dans l'entrepont. De là, on les
précipite le long d'une autre planche jusque dans
la cale où les pauvres animaux arrivent souvent
la tête en bas et en bêlant lamentablement. Un
navire embarque ainsi à chaque voyage plus de
2,000 moutons. Vous pensez quelle chaleur suf-
focante et quelle odeur se dégagent de cet entassement de bêtes à laine ; on est obligé d'établir
des ventilateurs, longs tuyaux en toile qui s'élèvent jusque dans la mâture, dont on tourne
l'extrémité supérieure dans la direction du vent
et dont le pied s'arrête au-dessus de la tête des
moutons. Le débarquement à Marseille est plus
aisé : Un treuil est installé sur le pont ; on atta-
che les moutons par les pattes de derrière ; un
tour de roue et les voilà en l'air. Le long des
flancs du navire sont accostés des chalands qui

se relient au quai et dans un moment les moutons, sous la conduite d'un camarade marseillais dressé à ce métier, viendront s'aligner sur le « plancher des vaches. »

Elles sont bien joyeuses les pauvres bêtes de se sentir enfin sur quelque chose qui ne remue pas. Songez donc ! Après deux jours de traversée, deux jours d'entassement et d'étouffement dans les flancs trop étroits du navire. Allons ? une dernière minute d'angoisse, quand suspendues par les pattes de derrière elles se sentent monter la tête en bas. Elles ont beau se débattre ; le treuil fonctionne, fonctionne. Il est si pressé ! Pauvre mouton qui salue ta délivrance d'une gambade d'allégresse et d'un bêlement de triomphe, tu ne te doutes pas que ce vieux routier, à la laine épaisse, que tu suis si alertement à travers les rues escarpées de la cité phocéenne te conduit à l'abattoir. La terre de France n'est guère hospitalière pour toi, pauvre mouton du Sud algérien.

Les trains sur les lignes algériennes vont moins vite que sur nos lignes de France. Certains wagons sont à couloir central ; on peut de la plate forme voir le paysage ; grand progrès sur nos abominables compartiments de France. Les trains sont toujours bondés d'Arabes qui préfèrent les douceurs de la voie ferrée aux longues routes qu'il faut parcourir à pied sous le soleil. Et c'est parfois un spectacle comique dans les gares du pays Kabyle que de voir aux époques des grands travaux des champs des bandes de montagnards

Kabyles qui descendent pour moissonner la plaine française marchander le prix des places aux guichets de distribution. — La voie ferrée est en maint endroit bordée de deux rangées d'eucalyptus qui répandent une agréable odeur et seront en outre une source de profits pour les compagnies qui vendront le bois pour la menuiserie et le charronnage.

Blidah, avec ses 15,000 habitants, est bien la ville la plus jolie qui se puisse imaginer. Entourée d'un mur qui la protégeait jadis contre les incursions des Arabes, mais qui est inutile aujourd'hui que le Tell administré civilement n'a plus à craindre qu'un zèle intempestif des « Bureaux Arabes » n'excite de mouvement séditieux (le quartier de la gare, le plus riche, est d'ailleurs en dehors de ce mur), ayant un double boulevard intérieur et extérieur, des rues à arcades, plantées d'orangers et bordées de belles maisons françaises, une grande activité commerciale, Blidah est en outre la ville de plaisir des Arabes de la Province d'Alger. Plus d'une de ces maladies vénériennes qui, mal soignées chez les hommes et pas du tout chez les femmes, exercent de si épouvantables ravages parmi les Indigènes, a pris naissance à Blidah. Les Arabes, en effet, ont un penchant excessif pour le plaisir, pour la fantasia. Ce n'était pas un Arabe, le marabout qui, nous montrant sa maison bâtie par des maçons français, ses champs nouvellement achetés, nous disait avec un sourire aimable : « Moi, j'aime mieux ne pas faire fantasia et bien recevoir mes hôtes. » La fantasia, tout ce qui est amusement, frivolité, volupté, flânerie, mais c'est la vie de l'Arabe ! Blidah est la ville de la fantasia des Arabes de la Province d'Alger. Pour faire fantasia à Blidah, l'Arabe vend son champ au colon européen, fait mourir à la peine sa femme et son bourricot ; il porterait son burnous au « clou » si cette institution commode existait dans sa tribu. Quand il a vendu sa terre et qu'il en a dissipé le prix dans ces longues orgies qui durent parfois un mois, entier, il se loue au Français pour cultiver cette même terre. On lui donne trente sous par jour ; et il n'a plus le souci des labours, des semailles, des récoltes, des ventes, c'est un autre qui pense et calcule à sa place ; il se trouve bien plus heureux et estime qu'il a fait une bonne affaire.

C'est à Maison Carrée, à 12 kilomètres d'Alger, que se bifurque la grande ligne. Maison Carrée est un lieu de promenade très fréquenté par les gens de la « *capitale*. » J'y passai au moment de la fête patronale et ses 1,800 habitants pour recevoir dignement leurs hôtes d'Alger décoraient de feuillages leurs maisons. L'Harrach — un oued qui a de l'eau — traverse Maison Carrée. L'Alma, Bellefontaine, stations du chemin de fer d'Alger à Constantine sont des colonies agricoles alsaciennes, fondées en 1871. Dès la conclusion de la paix, M. Keller, député du Haut-Rhin, avait, aux applaudissements de l'Assemblée nationale, proposé de recueillir en Algérie, à titre de colons, les Alsaciens-Lorrains qui ne voudraient pas vivre sous la domination de la Prusse. Une loi fut votée le 21 juin : 100,000 hectares des meilleures terres dont l'Etat disposait en Algérie étaient attribués, à titre gratuit, aux Alsaciens-Lorrains qui voudraient conserver la nationalité française et qui s'engageraient à se rendre en Algérie pour y exploiter les terres concédées.

Le 15 septembre, un crédit de 400,000 francs était ouvert pour faire face aux premières dépenses de déplacement et d'installation, mais l'organisation définitive de ces colonies de Réfugiés voulant rester Français quand même ne fut terminée qu'après la pacification de la Kabylie.

Nous touchons au bout oriental de la Metidja. De grandes prairies coupées de rangées d'eucalyptus — qui, de loin, ressemblent à des peupliers — simulent au couchant une plaine de notre France.

Les Italiens commencent à apparaître ; à l'autre bout de la plaine, ce sont les Espagnols. Ces Italiens, qui nulle part ne forment de groupe compact, ne sont pas fixés au sol. Terrassiers, maçons, fabricants de statuettes, ils sont en général peu riches. Indépendamment de leur habitude bien connue de jouer du couteau, ils ont apporté encore en Algérie celle de jouer du revolver.

✳

CHAPITRE V

LA METIDJA *(suite)*

La Metidja avant et après la conquête. — Les travaux publics. — Dessèchement des marais. — Irrigations. — Barrages. — L'Oued-Meurad. — M. de Malglaive. — Les Routes. — Les Chemins de fer.

Quand l'armée française débarqua en Algérie en 1830, tout était à créer. Le pays si florissant sous la période romaine était ruiné. Pas de routes, à peine çà et là quelques sentiers muletiers, couverts d'eau en hiver, de poussière en été. Pas de ponts, (les ponts romains n'étaient même pas entretenus); la guerre à l'état permanent, un gouvernement sans force et pourtant tyrannique, la population misérable et en décroissance se réfugiant dans la montagne pour échapper aux razzias et aux collecteurs d'impôts ! Nulle sécurité, on n'osait même plus produire, tant le lendemain était incertain ; on mettait le feu aux bois pour avoir des pâturages ou pour jeter dans les cendres quelques poignées de blé ; dans la plaine, la broussaille et le marais régnaient en maîtres. Aussi, la fièvre paludéenne était-elle très redoutée. Dans la Metidja, les marais commençaient à Hussein-Dey en vue d'Alger et se continuaient en longeant le pied des collines du Sahel jusqu'au bout occidental de la plaine. Le fameux lac Halloula n'était que la fin de ce marais. En revanche, les eaux potables et même les eaux d'irrigation n'existaient pas.

C'est seulement en 1850 qu'on entreprit d'une manière méthodique le desséchement de la Metidja. On avait et à assainir et à rendre le sol à la culture. Et non seulement on dessécha et on assainit la Metidja, mais encore les environs de Bougie, de Cherchell, de Milianah, enfin toutes les plaines basses où des eaux stagnantes s'étaient accumulées au grand détriment de la santé publique.

L'œuvre a été menée à bonne fin, non sans peine, et aujourd'hui si l'Algérie égale en salubrité la Métropole, c'est à l'énergie et à la tenacité des colons de la première heure qu'on le doit : La Metidja avec ses fermes et ses villages, la banlieue de Bône si prospère, Affreville bâtie sur l'emplacement d'anciens marais de l'Oued Boutan et où l'on ne connaît pourtant plus la fièvre, sont là pour témoigner des résultats obtenus.

Mais en même temps qu'on desséchait les marais, on avait à se préoccuper d'assurer de l'eau aux cultures. Partout où l'irrigation est possible, la terre algérienne est d'une fertilité inouïe. Encore faut-il avoir de l'eau pour les irrigations !

« Pourvu qu'on arrose, (dit un Algérien, M.

« Neveu Derotrie, dans une notice sur les Tra-
« vaux publics), les cultures les plus variées sont
« possibles et les récoltes sont toujours assurées
« en Algérie.

« Grâce à la loi de 1851, qui a consacré la
« domanialité des eaux et qui les a mises dans
« les mains de l'Etat, sous la réserve des droits
« de propriété et d'usage antérieurement acquis,
« on a réglé, au mieux de l'intérêt général,
« la distribution, dans les terres, de l'eau prove-
« nant des sources et des rivières voisines. Les
« périmètres irrigables ont été fixés après étude
« attentive. Les travaux d'avivement des sources,
« les barrages de dérivation dans les Oueds, les
« prises, les canaux de répartition, tout a été
« préparé par l'Administration, au moment où,
« seule, elle pouvait agir utilement ; tout a été
« exécuté au compte du Budget, à l'époque où
« les ressources locales étaient absolument nul-
« les. Il a même fallu pendant les premières
« années dresser les colons à se servir sans
« désordre des installations qui avaient été com-
« binées pour eux.

« Aujourd'hui les irrigations sont pratiquées
« sur une grande échelle, dans le département
« d'Alger, sur les rives de l'Harrach, de la
« Chiffa, de l'Oued El-Kébir, du Bou-Chemla,
« de l'Oued El-Hachem, des Oueds Anasseur et
« Boutan, de l'Oued Sly, etc.

« De plus, l'éducation des populations est
« faite ; partout où l'eau leur est livrée, elles
« comprennent actuellement non seulement le
« sérieux parti qu'elles ont à en tirer, mais

« encore la nécessité pour elles de prendre leur
« part dans les dépenses d'entretien et de per-
« fectionnement de ce qui existe. De nombreux
« syndicats sont déjà formés sous le régime de
« la loi du 28 juin 1865, et le jour approche où
« l'Administration, laissant aux usagers le soin
« de gérer eux-mêmes les irrigations déjà orga-
« nisées, pourra reporter ses efforts et ses fonds
« sur des œuvres nouvelles.

« Sa tâche n'est pas achevée, comme on va le
« voir.

« Bien que les pluies soient assez abondan-
« tes et assez régulières, au moins dans la région
« du Tell, le relief du pays, la nature du sol et
« surtout le déboisement universel, font que la
« majeure partie de l'eau d'hiver, coulant à la
« surface sans pénétrer dans les couches infé-
« rieures, afflue dans les oueds et va se perdre à
« la mer. Il en résulte que les sources restent
« rares et pauvres, et que les rivières, baissant
« brusquement dès que les pluies ont cessé, sont
« à sec ou tout au moins fort indigentes, quand
« arrive la saison des arrosages. Cette situation
« s'améliorera, sans doute, quand on aura réta-
« bli, sur les versants des montagnes et sur les
« plateaux, les forêts détruites par l'imprévoyance
« séculaire des indigènes. Mais, même en admet-
« tant qu'on travaille désormais au reboisement
« avec ardeur, que d'années à attendre !

« On a cherché un moyen plus rapide de sup-
« pléer à l'insuffisance des sources et des riviè-
« res. D'après l'exemple donné par les Maures
« d'Espagne, et par les Espagnols, leurs conti-

« nuateurs, on a songé à barrer les vallées pour
« emmagasiner l'eau hivernale, et la distribuer
« ensuite dans les cultures.

« Un officier du génie dont l'intelligente ini-
« tiative a laissé de belles traces dans le dépar-
« tement d'Alger, M. de Malglaive projeta, dès
« 1851, et exécuta dans la gorge de l'Oued
« Meurad, le premier barrage-réservoir d'Algé-
« rie, qui alimente depuis lors Marengo. La
« digue de Meurad a près de 20 mètres de hau-
« teur. Elle est en terre, et revêtue en maçonne-
« rie du côté d'amont.

« Cet essai heureux a été suivi de la construc-
« tion des barrages du Sig et de l'Habra dans
« le département d'Oran, et du Hamiz dans le
« département d'Alger. Tous les trois sont en
« maçonnerie et ceux de l'Habra et du Hamiz,
« qui sont les plus importants, retiennent, l'un
« 35,000,000, et l'autre 14,000,000 de mètres
« cubes d'eau.

« Le même procédé pourrait être appliqué
« sur bien des points ; mais deux considérations
« ont empêché jusqu'ici de le généraliser. —
« D'abord, l'eau ainsi obtenue est chère ; en ef-
« fet, pour prévenir les effroyables désastres que
« causerait la rupture d'une digue derrière la-
« quelle des millions de mètres cubes d'eau sont
« accumulés, on s'astreint à prendre les précau-
« tions les plus minutieuses, et ces précautions
« se traduisent par des dépenses fort élevées. —
« De plus, il n'est pas facile de combattre effica-
« cement l'envasement des réservoirs, produit

« par les apports des crues toujours chargées de
« limon. » (Neveu-Derotrie.)

Quant aux routes, proportionnellement à sa
population, l'Algérie en a plus qu'aucun pays
de l'Europe, plus même que la France. Proportionnellement à sa superficie elle vient encore
avant maint Etat européen. 12,000 kilomètres
de voies carrossables et qui ont coûté 75 millions
sont actuellement livrés à la circulation. Et
toutes ces voies ont été ouvertes depuis 1840;
beaucoup, il est vrai, par l'armée. Aujourd'hui
encore, les condamnés militaires, les « pénitenciers » comme on dit là bas, construisent chaque
jour de nouveaux tronçons. A la fin de mon
séjour en Algérie, revenant vers la côte, je
rencontrai un convoi de pénitenciers en marche.
Je les avais vus quelques temps auparavant tra-
çant une nouvelle route dans l'Ouarensenis et ils
s'en allaient à présent à Ouargla bâtir des maisons, destinées à une colonie d'émigrants dont
on annonçait l'arrivée de la Métropole.

L'entretien des routes est fait concurremment
par des pénitenciers et par des travailleurs
libres, des nègres surtout. C'est chose curieuse
de voir ces nègres, presque tous vêtus d'une chemise de coton et d'un pantalon rouge acheté
à bon compte dans quelque vente d'effets militaires réformés, assis sur des tas de cailloux et
cassant des pierres avec un petit marteau.

Le réseau de la grande voirie se divise en
routes nationales, routes départementales, chemins de grande communication, chemins d'intérêt commun. Il y a dix routes nationales ; d'une

manière générale le plan est celui-ci : une voie court parallèlement à la mer, de la frontière du Maroc en Tunisie ; de cette voie se détachent des branches perpendiculaires qui s'enfoncent dans le sud et qui se continuent jusqu'au Sahara. Mais que de difficultés on a eu à surmonter dans la traversée des massifs montagneux ! On peut s'en faire une idée en parcourant les gorges de la Chiffa et celles de Palestro.

Le réseau ferré a été conçu dans le même esprit : Une ligne de concentration, parallèle à la côte, allant de Tunis à la frontière marocaine et des voies de pénétration vers le sud. 3,000 kilomètres, le dixième du réseau français, sont actuellement construits.

CHAPITRE VI

UN COIN DE LA KABYLIE

Menerville. — Beni-Amram. — La plaine des Issers. — Organisation sociale des Kabyles. — Influence des Marabouts. — Les
filles de l'Archevêque. — Le communal de Souk-el-Haâd. —
Les gorges et le village de Palestro. — Oliviers, caroubiers de
la Kabylie. — Le miel. — Les sauterelles.

Menerville, fin de la Metidja et entrée de la
Kabylie, n'est pas un village bâti d'une pièce
comme Marengo. Les platanes, les eucalyptus,
les rues droites et larges s'y retrouvent, mais les
maisons sont un peu éparpillées au gré des con-
venances personnelles. Bifurcation du chemin de
Constantine et de la ligne d'Haussonvilliers que
l'on prolonge jusqu'à Tizi-Ouzou, Menerville
croît vite. Son hôpital composé de pavillons isolés est un modèle du genre. 25 hectares de terres
et de vignes fournissent le blé, les légumes et le
vin aux malades. A l'entrée, de beaux casuarinas
lui donnent un air de jardin. Bien que Menerville compte 2,800 habitants, l'église est très
mesquine, ayant été construite à l'époque de la
fondation du bourg. L'Etat, au reste, a prodigué

les églises en Algérie. Quantité mais non qualité. Le moindre hameau en possède une. Les colons s'en seraient pourtant fort bien passé ; aucun d'eux n'assiste aux offices, sauf peut-être, non par dévotion mais par genre, dans les vieux villages, quelques grands propriétaires terriens ; ces grands propriétaires forment l'aristocratie algérienne ; ce sont en général des colons ou des descendants de colons de la première heure. Ils étaient riches en arrivant, l'Administration leur a concédé gratuitement une immense étendue de terrain à charge d'y installer quelques feux, noyau d'un futur village. Tant que le village ne se développe pas, cette noblesse du sol conserve une grande influence sur ses tenanciers. Plus tard, après l'arrivée d'émigrants de France, des luttes locales s'engagent, les nouveaux venus se posant en égaux des grands propriétaires. Le curé est d'ordinaire épargné dans ces bagarres. Chacun au fond est bien aise, tout en n'allant pas à la messe, que le hameau ait un curé et une église. Ce seront des titres à faire valoir pour demander la mairie le jour où le gouvernement créera une nouvelle commune.

C'est une nature tourmentée que celle qui entoure Menerville ! Séparée de Menerville par un contrefort de l'Atlas Kabyle, la plaine des Issers, où les panthères se cachent encore sous l bouquets de lentisques, est formée par la vallée de l'Isser, — une large rivière qui en été n'a p 50 centimètres de profondeur d'eau. Tout ce massif kabyle est un enchevêtrement confus de montagnes coupées par des vallées profondes.

Dans ces vallées et sur les pentes intermédiaires, la colonisation française s'est étonnamment développée et les villages kabyles perchés à des hauteurs prodigieuses sur la pointe des rochers sont comme autant d'îlots que bat une marée toujours montante d'agglomérations françaises.

La route d'Alger à Constantine a été ouverte à travers ce chaos et le chemin de fer y passe sous des tunnels sans nombre. Oh ! les tunnels, ils auront plus fait pour la pacification que les répressions sanglantes des insurrections. « Vos télégraphes vous avertissent en moins de temps que n'en met l'éclair à déchirer le ciel, vos chemins de fer vous transportent plus vite que ne ferait le vent, et puis vous savez percer la terre ! Que peut-on contre vous, si vous ne quittez pas volontairement le pays ! »

Et le Kabyle s'habitue à travailler pour nous, à recevoir notre argent ; il aime à se servir de nos chemins de fer et de nos routes, il se sent impuissant et se résigne. Les Kabyles que nous rencontrions, assis autour de quelque fontaine, mangeant leur pain additionné de poivre, se serraient pour nous faire place et nous offraient de partager leur frugal repas. Comme ils nous voyaient la musette d'un côté, le bidon de l'autre et le sac au dos, ils nous demandaient où nous allions « faire nos 28 jours. » Nos ennemis, les ennemis de notre civilisation, là-bas comme ailleurs, ce n'est pas l'humble foule qui ne demande qu'à gagner en paix sa vie, ce sont les prêtres, les marabouts, les confréries religieuses. Le monde religieux musulman vit de la crédulité et du fanatisme des masses. N'espérons jamais le gagner, celui-là. Battons en brèche son influence : la francisation de l'élément indigène en Algérie est à ce prix.

La Kabylie se divise en grande Kabylie et en petite Kabylie. La grande s'étend dans la province d'Alger, la petite dans la province de Constantine. La Kabylie d'Alger est délimitée au nord par les flots bleus de la Méditerranée, à l'ouest par les eaux jaunes de l'Isser, au sud et à l'est par les montagnes. Sur une superficie de 5,500 kilomètres, la grande Kabylie compte un demi-million d'indigènes. Cela donne 90 habitants au kilomètre carré, 18 de plus que la moyenne de la France.

Les villages des Kabyles sont bâtis sur les sommets des montagnes. Vues de la plaine ou seulement de la mi-côte, ces agglomérations de maisons blanches ont une assez belle apparence. Il ne faut pas les voir de près. De près, ce sont de petits cubes en maçonnerie ou même en pierres sèches blanchies à l'eau de chaux, recouverts soit de tuiles, soit, le plus souvent, en chaume. Peu ou point d'ouvertures. Rien, en somme, qui dénote même un effort vers le progrès. Les maisons kabyles sont des gourbis en pierres, mais ce sont des gourbis. A l'intérieur, les bêtes et les gens vivent ensemble, séparés seulement par une barrière d'un mètre de haut destinée à prévenir les incursions des bestiaux dans la partie réservée aux hommes.

Les rues, ou plutôt les ruelles, sont étroites, sales, encombrées de fumier et de détritus de

toutes sortes. La voirie y est réduite à l'état rudimentaire, afin de ne pas diminuer la portion
déjà restreinte de terre cultivable.

Les femmes kabyles ne se couvrent pas le
visage comme les femmes arabes.

L'organisation sociale des Kabyles ne ressemble pas complètement à celle des Arabes. Chez
les uns comme chez les autres, même impuissan-
ce à se constituer en corps de nation, mêmes
rivalités, mêmes luttes à main armée entre les
différents groupes sociaux, même point de départ : la famille! Mais, tandis que l'Arabe, le plus
souvent nomade, s'est constitué en société aristocratique, avec des chefs héréditaires et à côté
d'une noblesse religieuse, comme dans tout le
monde musulman, une noblesse civile et une
noblesse militaire, le Kabyle ne s'est pas élevé
au-dessus de la conception de la commune dé-
mocratique et indépendante. La commune kabyle, c'était en petit la cité grecque, la *civitas*
latine à sa naissance. La même intolérance, le
même esprit étroit, farouche, âpre y régnaient.
Constitution de la famille, groupement des
familles en hameaux, des hameaux en communes : le Kabyle n'avaitt pas été plus loin. Tout
étranger, c'est-à-dire tout citoyen d'une commune indépendante, était ennemi. C'était la dure
maxime romaine : *Adversus hostem æterna aucto-*
ritas æsto. Tout homme qui avait un fusil était
citoyen et la poudre parlait souvent dans les
élections. Le parti vaincu n'acceptait pas sa
défaite, des ligues s'organisaient, les mécontents
cherchaient des appuis dans les communes voi-

sines, des pactes se concluaient. Les montagnards ceignaient alors l'épais tablier de cuir
qu'ils portent dans les expéditions, et des luttes
sanglantes s'engageaient. Aujourd'hui, le Kabyle
vit « sous la paix française », et son organisation
municipale est morte. Nos communes de plein
exercice et nos communes mixtes l'ont tuée, et
les conseillers indigènes siègent à côté des
conseillers français.

Le droit civil des Kabyles est coutumier. A la
différence du droit arabe, ses principes ne sont
pas contenus dans le Coran, mais dans des coutumes particulières.

Malheureusement les Marabouts jouissent encore d'une influence quasi-prépondérante chez
les Kabyles. On les consulte en tout et pour
tout ; on leur fait de riches cadeaux et le plus
pauvre prélève sur son nécessaire pour leur ap-
porter des offrandes.

Aussi, le niveau intellectuel des Kabyles en
particulier et de tous les Indigènes en général
est-il extrêmement bas. Les musulmans sont
à peu près dans le même état d'esprit que nos
ancêtres il y a sept ou huit siècles. Ce n'est
qu'en se reportant par la pensée aux environs de
l'an 1,000, aux époques sombres des onzième et
douzième siècles de notre ère, que l'on peut se
faire une idée des sentiments et des croyances du
peuple musulman. Fanatisme et foi, confiance
aveugle, irraisonnée et irraisonnable dans les
prédications des prêtres, misère et dégradation
individuelles, par suite enthousiasme pour la
guerre sainte et la croisade contre les Infidèles

— qui enrichissent ici-bas, si on survit, ou, si on tombe sur le champ de bataille, conduisent au Paradis, — telle était il y a quinze ans la situation morale des Indigènes. Des progrès ont été accomplis, il en reste encore beaucoup à faire.

L'instruction populaire est le seul remède contre le fanatisme religieux. C'est par l'école française, sur les bancs de laquelle les petits Indigènes viendront s'asseoir, c'est par l'émigration française encouragée, que nous franciserons l'Algérie. Ces moyens doivent être employés aussi bien en pays arabe qu'en pays kabyle. J'en reparlerai à propos des Arabes et des écoles indigènes telles qu'elles existent aujourd'hui.

Le nom de *Marabout* n'est pas seulement donné au prêtre. La maison qu'il habite s'appelle aussi marabout. L'amulette qu'il vend pour conjurer les sorts, guérir ou prévenir les maladies et que l'on porte autour du cou (comme les médailles et les scapulaires chez les catholiques), — son tombeau, — son champ, — les arbres qui y poussent, — sont des marabouts. On dépose des poteries cassées, on suspend des chiffons autour du tombeau d'un Marabout.

Quand, au milieu d'un champ ou aux environs d'une source, vous apercevez quelques beaux arbres au feuillage épais, vous pouvez être certain qu'un marabout a vécu dans le voisinage. Ces arbres sont sacrés. Les Indigènes racontent même comme un exemple du pouvoir que gardent les Marabouts après leur mort l'histoire terrifiante d'un garde-champêtre français. Ce garde-champêtre avisant sur un arbre-marabout une branche susceptible d'être transformée en une canne superbe, se met en devoir d'escalader l'arbre, et de couper la branche. Des Indigènes, qui le voient, accourent et avec des gestes d'effroi lui assurent que s'il offense le Marabout, ledit Marabout se vengera. « Descends, descends, lui crient-ils, ou il t'arrivera malheur. » Notre garde-champêtre de se moquer, mais tandis qu'il pérore et rit, la branche sur laquelle il s'appuyait craque, il perd l'équilibre, dégringole et se casse la cuisse. Les Indigènes le relèvent, le transportent dans sa maison, et se retirent plus convaincus que jamais de la puissance des Marabouts. Les terres où s'élèvent des arbres-marabouts sont très recherchées des Français, d'abord à cause des arbres, ensuite parce qu'une source s'y trouve presque toujours.

Dans une société aussi ignorante et aussi barbare qu'est la société musulmane, rien n'est prévu, rien n'est organisé à l'avance. Les procédés de culture sont des plus primitifs, et avant l'extension de la colonisation française, chaque année de sécheresse amenait la famine. Et les famines étaient terribles, comme chez nous au moyen-âge. En 1866, à l'époque où, en haut lieu, on caressait la triomphante idée d'un royaume arabe, féodalement organisé, une famine épouvantable sévit sur la population indigène. Un demi-million de Musulmans peut-être périrent de faim et de misère. L'archevêque d'Alger, Mgr Lavigerie, recueillit un certain nombre d'orphelins et d'orphelines indigènes. Des terres lui furent concédées en divers endroits, notamment à St-Cyprien des Attaf dans la vallée du Cheliff, un peu à l'ouest d'Affreville, — et les petits indigènes recueillis y furent installés. Elevés dans la religion catholique, ceux d'entre eux qui, à leur majorité, se marièrent avec les orphelines reçurent un lot de terre et furent naturalisés. Malheureusement toutes les jeunes filles ne purent être mariées. Les Indigènes n'en voulaient pas parce qu'elles étaient « trop savantes » et les colons leur préféraient les femmes européennes. Elles se dispersèrent par tout le département et la plupart spéculèrent sur leur beauté pour vivre. Ces femmes galantes sont désignées, dans les villages, sous le nom de « Filles de l'Archevêque. »

Les Kabyles ne sont pas seulement des cultivateurs, ce sont aussi des industriels. Mais chaque confédération a sa spécialité. Les femmes des Beni-Yenni fabriquent de la poterie commune et de la poterie fine, les Bou-Chaïb et les Aït-Idjer tissent les étoffes, les Ilouten et les Houla du Djurjura sculptent le bois ; les Aït-Fraoucen, dans le Djurjura, forgent le fer et fondent le cuivre ; les Aït-Yenni sont armuriers et étaient jadis faux monnayeurs pour le pays arabe ; aujourd'hui ils se contentent d'être bijoutiers. Leurs bijoux sont plus solides qu'élégants.

Avec leur population si dense et leur patrie montagneuse, les Kabyles ont peine à vivre. Aussi, nous fournissent-ils des travailleurs et nous donnent-ils des soldats. La plupart de nos tirailleurs indigènes sont des Kabyles, surtout des Zaouaoua des environs de Fort-National. Le corps plus aristocratique des spahis compte au contraire beaucoup d'Arabes dans ses rangs.

L'assimilation des Kabyles marche plus vite que celle des Arabes. Le droit kabyle, étant coutumier, se prête, en effet, à des modifications et à des transformations qui le rapprochent peu à peu du nôtre. Déjà aujourd'hui certains groupes kabyles ne verraient pas d'un mauvais œil une naturalisation en bloc. Quand l'influence des Marabouts sera moindre, ce pays se francisera encore plus vite.

Ce n'a pas été une petite affaire que la construction d'un chemin de fer à travers les montagnes de la Kabylie, et bien heureux encore aujourd'hui, quand à la suite des pluies d'hiver, une portion de la voie ne dégringole pas dans l'abîme. Car ces larges rivières, au lit embroussaillé de lauriers roses et souvent à sec en été, roulent une mer en hiver, et leurs flots torrentueux emportent des morceaux de montagnes et les roulent à la Méditerranée. Chaque année des millions de mètres cubes de terre végétale sont ainsi perdus et les montagnes se ravinent de plus en plus. Reboiser et empêcher le déboisement des pentes encore couvertes de forêts est d'importance vitale pour la Colonie. En France, le déboisement est causé par le défrichement des espaces plantés d'arbres; en Algérie, c'est par l'incendie. Ce n'est pas par malveillance que l'Indigène met le feu aux forêts, c'est pour avoir des pâturages au printemps, pour faire brouter les jeunes pousses par ses moutons et ses chèvres. Les chè-

vres sont la plaie du pays. Rappelez-vous les
ravages que font encore les chèvres en Corse,
qu'elles faisaient par toute la France avant la
Révolution. Les baux de terre dans l'Ile de
France, au commencement de ce siècle, stipu-
laient toujours interdiction pour le fermier d'avoir
des chèvres. Ce n'est que par ce moyen énergique qu'on en a débarrassé nos contrées.

« Sur 100 incendies de forêts, dit le *Bulletin
de la Ligue Algérienne du Reboisement* (31, rue
Bab-Azoun, Alger), 3 ou 4 peuvent seuls être
attribués à la malveillance, les autres résultent
d'accidents ; beaucoup sont imputables à la négli-
gence ou à l'imprudence des Indigènes. Dans
ces derniers cas, l'incendie provient toujours de
l'extension d'une mise à feu des broussailles.
L'indigène pour avoir des pâturages a recours à
ce procédé, et, comme on le lui défend, il se
cache en toute hâte après avoir allumé l'incendie,
abandonnant à Dieu le soin de l'arrêter.... Pourquoi n'autorise-t-on pas ces mises à feu « *parfaitement légales* » et qui deviendraient absolument
inoffensives si elles étaient faites sous les yeux
et la direction de l'autorité ? »

Et cela s'est fait dans certains districts où des
administrateurs civils l'ont permis. Il n'y a pas
eu d'accident.

L'incurie et l'insouciance des colons entrent
aussi pour beaucoup dans les ravages que causent
les incendies de forêts.

Souk-el-Haâd, un village entre Menerville et
Beni-Amram, possède un bois communal dont
nous avions admiré la belle venue à notre pre-

mier passage. Quand nous revînmes de la Grande Kabylie, nous vîmes le bois en feu. L'incendie gagnait lentement, mettant plusieurs minutes à sauter d'un arbre à l'autre. Il eut suffi à ce moment de 20 hommes avec des pelles, des pioches et des cognées pour arrêter le feu. Les gens regardaient d'un air tranquille, comme au spectacle. « Bah ! nous dirent-ils, c'est le communal qui brûle ; inutile de se déranger. » Bref, l'incendie eut tout le temps de se développer ; il gagna la côte où étaient des carrés de pins, et comme il n'y avait sur les lieux ni gendarmes, ni soldats, — personnages fort utiles pour éteindre les incendies, — tout le communal de Souk-el-Haâd fut détruit.

Et les colons algériens sont intellectuellement mieux armés que nos paysans de France. Ils sont plus instruits, les questions d'intérêt général les intéressent, mais sur bien des points ils en sont encore à la fameuse maxime : « Voler l'Etat ou la commune, ce n'est pas voler ! »

En 1871, la Kabylie était encore peu colonisée. Des villages de loin en loin, pas de chemins de fer, presque pas de routes. Au fond d'une vallée dominée de tous côtés par les montagnes, un petit centre d'une centaine d'habitants, Palestro, a traversé des journées terribles. 56 colons y furent égorgés par les Kabyles, lors de l'insurrection de 1871, à la suite de laquelle le séquestre fut mis sur les terres des tribus révoltées et toute la Kabylie désarmée. Mais ce qui valut encore mieux que le désarmement, ce fut le peuplement du pays par des colons français.

L'histoire des causes de cette levée de boucliers n'est pas encore écrite. Elle serait bien instructive pourtant, s'il se trouvait un historien qui eut le courage de dire toute la vérité. On a poussé à l'insurrection, les uns consciemment, les autres inconsciemment. Les uns voulant jouer le rôle de sauveurs n'ont pas versé à temps un seau d'eau froide sur les têtes des Arabes que les déclamations de certains énergumènes français, aveuglés par l'esprit de parti, avaient mises en ébullition. Des Français, — ce sont les autres, — s'étaient, en effet, répandus par le pays, criant à l'abomination de la désolation, que le décret Crémieux qui naturalisait les Juifs était une honte pour un Etat catholique et que les Arabes se soulèveraient plutôt que de l'accepter. Et les Arabes, à force d'entendre répéter que décemment ils ne pouvaient pas ne pas se soulever, prirent les armes. L'insurrection gagna rapidement. Des malentendus déplorables semèrent l'épouvante parmi la population indigène de la Metidja orientale. Il y eut un refoulement des Indigènes sur la montagne, et toute cette masse rejetée de la plaine et augmentée des tribus montagnardes se rua sur Palestro. Les Arabes de Beni-Amram racontent qu'à ce moment-là ils ont entendu dire que les Français tuaient tout, qu'ils ont pris peur et ont fui avec une foule d'autres Arabes, venus on ne savait d'où, dans la direction de Palestro.

Aujourd'hui, non seulement Palestro s'est relevé de ses ruines, mais compte 800 habitants groupés dans le bourg même. Depuis 10 ans, le prix de l'hectare de terre a monté de 200 fr. à 1,000 fr. Le village lui-même est très joli, avec sa vaste place, au centre de laquelle un monument rappelle les douloureux souvenirs de 1871. Il représente un colon se défendant à coups de baïonnette avec une expression d'atroce angoisse et de désespoir. Des jardins remplis d'orangers, de grenadiers, de néfliers du Japon, d'oliviers et bordés de haies de cactus achèvent de donner un aspect riant à Palestro. Sur les pentes, des vignes, aux larges feuilles d'un vert intense, promettent de plantureuses vendanges.

Tout autour de Palestro, des villages français couvrent cette contrée jadis sauvage ; des routes superbes, des chemins de fer la sillonnent. C'est même une visite qui vaut la peine d'être faite que celle de la route de Constantine dans la traversée des gorges dites de Palestro. Les Gorges de Palestro sont moins imposantes, moins grandioses que celles de la Chiffa, mais la route, avec des passages voûtés ouverts en plein roc dans la montagne, avec les villages kabyles qui vous dominent du haut de leurs 1,200 ou 1,500 mètres d'altitude, est infiniment pittoresque. En face, sur l'autre flanc de la vallée, très resserrée et au fond de laquelle coule l'Isser dans un large lit qu'est loin de remplir un tout petit filet d'eau, à la même hauteur que la route, court le chemin de fer. Des montagnards Kabyles passent en nous criant : « Bonjour, alekou » (bonjour, vous tous). Ils poussent devant eux des mulets chargés d'outres d'huile qu'ils vont vendre jusqu'à 15 ou 20 lieues dans la plaine. Les oliviers sont, en effet, très nombreux dans la partie basse du massif kabyle. Beaucoup sont centenaires et donnent d'abondantes récoltes d'olives ; mais tous ne sont pas greffés. En outre, les colons ne savent guère préparer l'huile et les Kabyles la préparent mal, de sorte qu'il y a là une source de richesses peu exploitée.

L'apiculture, — le miel ayant une clientèle toute trouvée parmi les Indigènes — peut procurer aussi de beaux revenus. Logée dans des ruches à cloisons mobiles, l'abeille algérienne donne du miel en quantité, car elle trouve à butiner presque toute l'année. La récolte se fait en trois fois, au printemps, en été, en automne. Des ruches dans la plaine des Issers ont donné 13 kilogrammes de miel en moyenne l'année dernière. Sans distinction de qualité, le prix était de 2 fr. le kilog. L'essaimage se fait de mars à juin selon la température et les circonstances. Le miel du printemps est souvent un peu âcre ; il sent l'asphodèle. J'en ai mangé, récolté en été, qui était délicieux : les abeilles avaient butiné surtout sur des bouillons blancs. Mais quand les ruches ont le bonheur de se trouver dans le voisinage de plantations d'eucalyptus, le miel que l'on recueille après la floraison des eucalyptus est non seulement supérieur en qualité au miel ordinaire, mais possède encore des propriétés thérapeutiques très remarquables pour le traitement des maladies de poitrine. Quel arbre précieux que l'eucalyptus ! Le miel d'eucalyptus se récolte en automne.

Il y a aussi en Kabylie beaucoup de caroubiers, mais ils ne sont en général pas greffés et les caroubes ne servent guère qu'à nourrir les bestiaux. Un quintal de caroubes coûte environ 7 fr. Quand les fruits sont mûrs, c'est-à-dire dans la première quinzaine d'août, les Kabyles tendent des toiles sous l'arbre et font tomber les longues gousses à l'aide de perches.

Les feuilles du frêne sont également recherchées par les Kabyles qui les donnent en guise de fourrage aux troupeaux.

Les figuiers sont nombreux et beaux. Souvent on en voit d'énormes dont les branches pliantes retombant à 60 ou 80 centimètres du sol forment un abri circulaire impénétrable aux rayons du soleil. Les Indigènes bouchent les trous avec des nattes et se font sous ces figuiers des résidences d'été fort agréables. Des vignes gigantesques, dont le tronc atteint parfois 20 centimètres de diamètre, s'enroulent autour des figuiers et grimpent jusqu'au sommet. Les Kabyles, en effet, s'ils ne boivent pas le vin, cultivent la vigne et mangent le raisin en grappes. Ils commencent pourtant à planter des champs entiers en vignes et vendent les récoltes aux vignerons français.

Un jour, dans un petit village de la Kabylie, je fus mis en émoi par des coups de feu, un bruit de poëlons frappés à tour de bras, des clameurs, des vociférations, — un vrai vacarme de carnaval. Je courus dehors. Toute la population était sur pied et dans un état d'agitation extraordinaire. On me montra un gros nuage noirâtre qui avait déjà dépassé les dernières maisons et qui disparaissait dans le nord-est. C'étaient des sauterelles. Les habitants faisaient tout ce tapage pour les empêcher de s'abattre sur le pays. On les poussa ainsi jusqu'à Bougie et au-dessus de la mer. La moitié tomba dans l'eau, l'autre moitié s'abattit sur la ville, rongea toutes les plantes et empoisonna les fontaines. Les sauterelles qui causaient jadis des ravages considérables deviennent, sauf dans les années exceptionnelles, de moins en moins à craindre parce qu'on les combat méthodiquement. Elles apparaissent dans le Tell, sous la forme d'adultes qui volent ou de larves qui marchent. Les sauterelles ailées, qui sont les adultes, viennent du Sahara. Le plus souvent elles s'arrêtent sur les hauts plateaux. Là, elles pondent et meurent. Les Arabes les attaquent le matin quand elles sont engourdies par la rosée, les mettent dans des sacs, les font sécher au soleil et les mangent.

Elles enfouissent leurs œufs, et c'est pendant l'hiver qu'on organise la chasse aux œufs. Les Indigènes se prêtent de la meilleure grâce du monde à cette corvée, car du résultat des recherches dépend l'avenir de la récolte. Les œufs déterrés sont mis en tas et brûlés. De ceux qui restent enfouis naissent des larves qui deviennent à leur tour criquets. Ces larves se mettent bientôt en marche sur le Tell. Pour arrêter l'invasion dévastatrice, on creuse des lignes de fossés de 20 centimètres de profondeur où viennent

tomber les criquets. On les écrase à coups de
pelles, à coups de bâtons. Quand c'est un nuage
qui s'abat, la couche des insectes qui couvre
le sol est trop épaisse pour que l'écrasement
puisse se faire par la main de l'homme. On lance,
au travers, des chevaux, des voitures, des rou-
leaux, tout ce qui est suffisamment lourd. Parfois
on a fait avancer l'artillerie contre un mur de
sauterelles.

Les larves ont un ennemi redoutable dans
la cigogne. Des Indigènes m'ont conté avoir
vu sur les hauts plateaux des centaines de cigo-
gnes en ligne de bataille, les ailes appuyées aux
ailes pour offrir plus de résistance et n'être pas
débordées, s'escrimant à coups de becs contre
une colonne de sauterelles arrêtées net dans leur
marche par cette muraille vivante.

✳

CHAPITRE VII

AUTOUR DE MARENGO

La ramie. - - La forêt de Marengo. — Deux anciennes villes romaines, Tipaza, Cherchell. — La défense des côtes. — Les postes
de Torpilleurs. — Le Nador. — Aqueducs romains. — Fran-
chise d'un Marabout. — La vigne.

Les Algériens se sont passionnés il y a 15 ans
pour les eucalyptus, aujourd'hui c'est la vigne
qui est en faveur, demain la ramie les enfièvrera.
Et de fait, dans un avenir peu éloigné, l'Algérie
trouvera dans la ramie un grand élément de
prospérité. Les pieds que je vis à Marengo
avaient 2 mètres de hauteur et les feuilles étaient
larges comme la main.

« La ramie * est un textile, originaire de la
Malaisie, qui possède les avantages de la laine
sous le rapport de la longueur des fibres, ceux de
la soie comme brillant, et il est plus facile à
teindre que le coton, le lin et le chanvre. La
ramie présente une tige droite qui peut atteindre
2 mètres et plus de hauteur; elle est creuse et

---

* M. Ludovic de Campou. La *Tunisie française.*

moelleuse au centre, lisse, verte avant sa maturité, rugueuse et brune quand elle y est parvenue; son écorce renferme une filasse des plus estimées, fine, blanchâtre, nacrée et douée d'une tenacité remarquable, trois fois supérieure à celle du chanvre. C'est une plante vivace, qui produit quinze ans. Elle demande de l'eau deux fois par mois et des engrais. De temps immémorial la ramie a été cultivée pour sa fibre par les peuples de l'Extrême-Orient. Les Chinois n'emploient pas d'autres matières pour la fabrication de leurs cordes et de leurs filets de pêche, à cause de la propriété qu'elle possède d'être incorruptible à l'eau et à l'humidité. Ils en font également leurs vêtements à cause de sa fraîcheur, et enfin ils en fabriquent des étoffes connues sous le nom de soieries de Canton, qui peuvent rivaliser avec la soie.

« L'extraction de la fibre est délicate et difficile. Les Chinois, les Indiens, les Japonais chez lesquels la main d'œuvre est relativement insignifiante, extraient à la main les fibres de ramie.

« La culture de la ramie * n'est possible dans tout le bassin méditerranéen que dans les plaines, les parties basses du littoral, les plateaux dont l'altitude n'est pas trop accentuée, partout enfin où le sol retient les eaux pluviales et en profite, où les irrigations sont faciles et au moins abondantes. Voici une moyenne de rendement en bonne culture : 500,000 tiges à l'hectare et par

---

* M. Rivière, directeur du *Jardin d'essai*, d'Alger.

coupe, tel est le produit constaté; effeuillées et desséchées elles représentent un poids de 7,000 kilos de tiges sèches qui donnent une matière industrielle de 1,500 kilos. En lanières, à 50 francs les 100 kilos, on aura un revenu brut de 3,000 francs par hectare. En admettant 50 % de frais et manipulations de toute nature, ce qui constituerait une exploitation des plus soignées et par cela même augmenterait les rendements, le bénéfice net serait encore de 1,500 francs à l'hectare pour les coupes réunies. »

J'avais entendu parler par des colons d'expériences tentées à Guelma (département de Constantine) par M. *Napoléon Ney*, un apôtre de la ramie, expériences qui avaient parfaitement réussi, disait-on. M. Napoléon Ney a publié depuis, dans le *Bulletin de la Société de Géographie commerciale de Paris*, le compte rendu de ces expériences :

« La ramie, écrit-il, est une ortie sans dards dont on compte plusieurs espèces en Chine, au Japon, dans l'Inde et dans l'archipel de la Sonde. Elle atteint dans ces pays de trois à dix pieds de hauteur. On en fait jusqu'à cinq ou six coupes par an et elle repousse comme la luzerne. Elle peut s'acclimater parfaitement en Algérie. Sa fibre, séparée du bois, constitue un textile précieux, car cette fibre est plus forte que le meilleur chanvre, plus fine que le plus beau lin, et aussi brillante que la soie aux reflets les plus chatoyants.

« ... L'extrême difficulté de la décortication, c'est-à-dire de la transformation de la plante en fibre textile, a jusqu'à présent arrêté l'élan et la diffusion dans l'Europe occidentale.

« ... La décortication de la ramie a divisé jusqu'à présent les personnes qui se sont occupées de la plante. Les uns estimant qu'un procédé industriel est d'autant plus parfait qu'il se rapproche du procédé naturel, tiennent pour la décortication à l'état vert, à l'imitation des Chinois, des Annamites et des Muongs, c'est-à-dire que les machines de cette espèce traitent la plante aussitôt coupée, alors que les variations de température et la tendance à fermenter qu'elle possède au plus haut degré n'ont pas encore modifié la qualité des fibres au point de vue de la tenacité et de la résistance à la traction.

« Pour d'autres inventeurs, l'impossibilité de décortiquer assez rapidement, à l'état vert, les quantités considérables de tiges qui couvrent un champ de ramie a fait adopter la décortication à l'état sec. Dans les pays chauds et secs, les tiges se dessèchent trop vite pour être bien décortiquées vertes ; dans les pays chauds et humides, la fermentation hâtive des tiges altérera leur qualité d'une manière irréparable. D'où nécessité de décortiquer en un temps très court ; ce qui nécessite un grand nombre de machines (avec une main-d'œuvre considérable), travaillant pendant un temps très limité. Les machines des inventeurs dont nous parlons décortiquent donc à l'état sec et successivement les tiges de ramie amenées de loin et placées dans des magasins où elles sèchent.

« D'autres machines ont été inventées pour

décortiquer à vert et à sec à la fois. Il existe enfin un système original qui tient des deux systèmes précédents : c'est celui de la vapeur chaude. Les tiges desséchées sont placées dans des caisses de bois fermées et percées à leur partie inférieure de trous par lesquels arrive la vapeur d'eau qui circule à travers les tiges séchées. Quand l'action de la vapeur a duré assez longtemps (de dix à vingt minutes) on ouvre les caisses et la décortication à l'état humide s'opère à la main, selon le procédé des Chinois.

« ... Notre expérience nous porte à déclarer la seule décortication à l'état vert comme bonne aussitôt après la coupe, à la condition d'avoir une machine produisant par jour une quantité considérable de filasse.

« ... A la suite des expériences de Guelma, continue M. Ney, dès notre retour en France, nous nous sommes mis en campagne auprès des industriels. Nous avons visité les filateurs de la région du Nord, de la Normandie et de l'Ouest et reçu des offres d'achats pour des quantités considérables à des prix rémunérateurs.

« ... Les planteurs peuvent dès maintenant se livrer avec sécurité à la culture de la ramie, certains de trouver à nous vendre à des prix très rémunérateurs, sans parler du mouvement commercial et économique qu'elle doit amener à bref délai. En Algérie et en Tunisie, la ramie, qui produit dès la seconde année, est en pleine valeur vers la troisième et donne, d'après des résultats définitivement constatés, au moins trois coupes par an.

« En prenant des minima pour le rendement à l'hectare et tous frais de location, de plantation, de culture, de récolte, de décortication ainsi que frais généraux déduits, il reste un bénéfice net qui dépasse 1,200 francs par hectare.

« Il n'est pas question ici de la vente des plants et des déchets (papiers de première qualité, etc).

« La question de la ramie, textile français, paraît enfin résolue. La nécessité s'impose d'introduire et de propager sur le sol français, en Algérie, en Tunisie, dans nos Colonies ou Pays de protectorat cette plante à végétation puissante, capable de fournir à bas prix et en grande abondance des fibres textiles.

« La ramie, textile français, doit enrichir ceux qui s'en occuperont soit au point de vue agricole, soit au point de vue industriel, soit au point de vue financier. »

Marengo possède à ses portes une forêt, mais une vraie forêt plantée d'essences de France (frênes, ormes, chênes)... Les arbres y ont atteint en trente ans un développement considérable, et sous leur feuillage poussent des mauves dont la hauteur s'élève à plus de quatre mètres avec des troncs gros comme la jambe d'un homme, des chardons hauts de trois mètres et dont la tige sert à faire des cannes. Traversant cette forêt et longeant les pentes du Nador et du Chenoua, une route conduit à Tipaza.

Les femmes du Chenoua fabriquent de la poterie (coupes, assiettes à fruits, aiguières, etc.), d'une teinte rougeâtre avec des dessins blancs ou noirs. La forme est élégante mais les vases sont fragiles. De quinze à vingt-cinq ans, ces femmes du Chenoua sont souvent très belles. Elles sont plus grandes et plus fortes que les femmes arabes. La teinte de leur peau est jaune clair sur tout le corps.

Tipaza, un village de pêcheurs perdu dans l'immensité des ruines romaines, occupe à peine la dixième partie de la ville ancienne. Ce fut autrefois un poste romain surveillant la rude population du Chenoua, qui aujourd'hui encore, dans sa fierté montagnarde, se prétend d'une race spéciale : « Ni Kabyles, ni Arabes, disent-ils, Chenouas. »

Le plan général de la ville romaine est facilement reconstituable. C'était un long quadrilatère bordé d'un côté par la mer et entouré d'une muraille sur les trois autres. On peut encore en suivre l'enceinte qui parfois rase le sol et parfois s'élève à cinq ou six pieds. Un château d'eau qui, à l'aide de conduites en partie restaurées, amenait de trente kilomètres l'eau du Nador, ressemble au bassin dit de la Colonnade, construit 1,600 ans plus tard par le grand-Roi à Versailles. Un autre aqueduc — (des pierres éparses çà et là le font du moins supposer) — devait partir d'un des contreforts du Chenoua, traverser la vallée du Nador et s'amorcer au premier à peu de distance de l'endroit où l'on traverse aujourd'hui l'Oued-Nador à gué et où les étonnants petits chevaux arabes gravissent au galop un raidillon escarpé !

Des restes de Thermes immenses se dressent au-dessus des maisons modernes. Le sol est mélangé de débris de poteries et de fragments d'os humains, la ville ayant été saccagée au ve siècle par les Vandales et achevée au viie par les Arabes. Hors de l'enceinte, deux immenses nécropoles où des milliers de tombeaux de pierre éventrés, brisés, enfoncés, indiquent que les morts n'ont pas toujours été respectés par les vivants ! Des chambres sépulcrales sont creusées jusqu'au dessus de la mer dans les énormes blocs de granit qui bordent la côte et que le flot ronge. Des caveaux sont même remplis aujourd'hui par l'eau de la mer. Il y a eu certainement là un bouleversement du sol, soit un soulèvement, soit un affaissement du rivage, ainsi qu'il est facile de s'en rendre compte en examinant la tranchée de la route, ou encore en se laissant glisser le long des rochers jusque dans la mer.

La nécropole qui est à l'ouest de la ville est la plus curieuse à visiter, parce que les débris des colombaires, — ces édifices en forme de pigeonniers où l'on mettait les urnes contenant les cendres des morts, — y sont encore importants. Une pyramide octogone qui surmontait jadis un des colombaires gît sur le sol rompue en plusieurs morceaux.

Parfois, le sol tremble sous les pieds. C'est qu'on passe sur la bouche d'une citerne ou d'un puits antiques, que recouvre une mince couche de terre et de gravier. A la moindre pression, ce couvercle s'écroule avec fracas et des gouttelettes d'eau jaillissent jusqu'au sol.

Sur les ruines, des bellombras ont poussé. Ce sont des arbres de belle apparence, ces bellombras, mais ils n'ont que l'apparence. Ils poussent avec vigueur, s'étendent en hauteur, en circonférence, en feuillage : seulement leur tronc mou, spongieux, sans consistance n'est propre à rien. On n'en peut pas même faire du bois à brûler : les charbons qu'il donne ressemblent à de l'amadou. Toutes ces ruines sont encore peu explorées. Un riche propriétaire cependant, dont le jardin est situé sur l'emplacement des anciens Thermes, a réuni un petit musée, renfermant des bas-reliefs, des tombeaux de marbre sculpté, des statuettes, des amphores de cinq mètres de tour, des vases de toutes sortes. Un certain nombre de médailles et de monnaies du II° au IV° siècles, aux effigies d'Adrien, de Marc-Aurèle, de Gordien, de Probus, de Dioclétien, de Constantin, de Julien et de Léon 1er ont été trouvées.

Le Vandale Huneric, en 484, détruisit Tipaza une première fois, après avoir coupé le nez, les oreilles et les lèvres de tous ceux d'entre les habitants qui échappèrent à la mort, et cela sous couleur de religion et à l'instigation des évêques, à propos des querelles religieuses entre chrétiens orthodoxes et chrétiens ariens. Aujourd'hui c'est un village paisible, avec un petit port pour les bateaux de pêche et les balancelles.

Tipaza n'est séparé de Cherchell que par la masse circulaire du Chenoua. La route passe au fond d'une vallée assez étroite que domine les pentes abruptes du Chenoua et du pic de Zurich — une montagne en forme de cône. Après avoir traversé le village de Zurich, le long des derniers contreforts orientaux des monts du Dahra, on peut suivre encore les restes des conduites qui amenaient l'eau à Cherchell antique du temps qu'elle s'appelait Cæsarea. Un aqueduc monumental — semblable au Pont du Gard, mais dégradé — transportait l'eau d'une pente à l'autre.

Toute la vallée est très fertile et couverte de nombreuses fermes. Il faisait chaud, un coup de siroco passait et les parois blanchâtres des montagnes renvoyaient des bouffées de chaleur lourde. Près de la mer, encore à demi cachée à nos regards par les derniers escarpements du Chenoua, les Indigènes, dont rien n'émeut d'habitude l'impassibilité, gesticulaient, sautaient, en proie à une agitation extraordinaire. Ils accoururent vers nous en criant : « Les babords, les babords, les gros babords! » C'était l'escadre de la Méditerranée qui manœuvrait en vue des côtes. Sur l'eau bleue qu'argentait le soleil, les grands cuirassés évoluaient, éclairés dans leur marche par les avisos, tandis qu'au large les torpilleurs — nains à côté des géants — filaient comme des flèches.

Cherchell, ville déchue, ancienne capitale de la Mauritanie, n'a qu'un port minuscule. C'est un des premiers construits de la Colonie : sur l'emplacement de l'ancienne darse romaine on a creusé à sec, dès 1843, un petit bassin de deux hectares de superficie et trois mètres cinquante de profondeur d'eau, où les navires au-delà de 300 tonneaux ne peuvent pas entrer. Pendant les travaux, on a déterré une barque de seize mètres de longueur, probablement romaine et chargée de poterie. Les chevilles qui en reliaient les pièces étaient toutes en bois. Une vingtaine d'autres ports, débarcadères ou mouillages couverts par des jetées— dont 7 pour le département d'Alger — ont été en Algérie construits depuis 1840 et servent au mouvement du commerce. L'ensemble des travaux de ces ports a coûté près de 100 millions. En outre, de Nemours à La Calle, sur 100 kilomètres de côtes, 45 phares empêchent les navires de venir, comme avant la conquête, se briser sur les rochers.

Ces travaux considérables n'ont pas été perdus, et l'argent n'a pas été dépensé en vain. En effet, le commerce total (importation et exportation réunies) que l'Algérie faisait en 1831 atteignait à peine 6 millions. Il dépasse aujourd'hui 600 millions. Il a centuplé et actuellement la moitié du commerce de Marseille se fait avec la France d'Afrique. Sans l'Algérie, le port de Marseille serait peut-être frappé à mort par la concurrence actuelle de Gênes, par la concurrence future de Salonique.

On déblaie maintenant à Cherchell les ruines de la ville romaine. Celle-ci avait été bâtie par un protégé romain, Juba II, roi de la Mauritanie Césarienne. Ce Juba avait épousé Cléopâtre Séléné, fille du triumvir romain, Antoine, et de Cléopâtre, la reine d'Egypte. Plusieurs des statues découvertes à Cherchell reproduisent les traits de

Cléopâtre Séléné. On a transporté au Musée d'Alger les trouvailles les plus précieuses. Ce qui est resté à Cherchell, statues mutilées, inscriptions, vases lacrymatoires, médailles, est campé dans un jardin et sous des portiques. Des fouilles méthodiques viennent d'être entreprises. A l'époque de mon passage, on avait commencé le déblaiement d'un Palais : les salles inhumées étaient pavées en mosaïque commune. Cherchell est maintenant une ville morte, peuplée de vieux rentiers et de Maures. J'ai été frappé de la pureté avec laquelle les petites Mauresques y parlaient le français.

Des tirailleurs y tiennent garnison. Un simple mur de 25 centimètres d'épaisseur et de 2 mètres de hauteur l'entoure. Ces défenses ne tiendraient certes pas un quart d'heure contre une Section d'Artillerie européenne. Rien ou presque rien n'a été fait en Algérie en vue de la défense des côtes. Les 20,000 ou 25,000 soldats que donnera, au jour de la mobilisation, la population française d'Algérie suffisent à préserver le pays de toute agitation musulmane. Un nombre égal d'auxiliaires indigènes flanqués de quelques artilleurs défendraient avec succès les côtes, mais à la condition que l'on ait préparé cette défense. Or, quiconque a longé les côtes algériennes a pu constater combien était insuffisant le système défensif côtier.

Les batteries sont rares et j'en ai vu qui étaient armées de pièces se chargeant par la gueule. On a construit à Alger des bassins de radoub. Pourquoi n'avoir pas établi en même temps des ateliers de réparations maritimes qui permettraient de remettre en état de prendre la mer un bâtiment de guerre endommagé? Aujourd'hui, en effet, un cuirassé qui subit des avaries sur la côte algérienne est obligé de courir jusqu'à Toulon pour réparer ces avaries. Quant à la défense côtière proprement dite, trois postes de torpilleurs (à Alger, à Oran, à Bône) ont bien été officiellement désignés, mais jusqu'à présent, sauf à Alger, les cales de halage ne sont pas prêtes et le matériel n'est pas en place, que je sache.

En outre, un seul câble direct relie l'Algérie à la France. Il y en a bien un second, mais comme il passe par l'Italie, son usage nous serait interdit en cas de guerre. Il serait donc nécessaire de poser un autre câble pour ne pas être à la merci d'un accident ou d'un coup de main.

Nous revînmes de Cherchell pendant la nuit. Oh! ces nuits d'été algériennes, qu'elles sont belles! L'air n'était ni chaud ni frais, mais exactement tiède; au ciel, les étoiles brillaient d'un éclat resplendissant; de la brousse s'élevaient des senteurs embaumées et, sur le fond sombre des lentisques, dans la transparence lumineuse de l'atmosphère le haut des collines se détachait avec une netteté saisissante. On éprouvait un bien-être indéfinissable. On ne désirait rien autre chose que jouir du moment qui passait et qu'on eût voulu retenir. On se laissait vivre, anéanti dans une sorte de communion avec la nature.

« Voyons, Bou-Khrebia, préfères-tu le temps des Turcs ou celui des Français ? »

Bou-Khrebia était un marabout — propriétaire de 64 hectares de terres, — à qui nous faisions visite et qui nous avait fort bien reçus : il avait apporté lui-même une collation sous un énorme figuier, — son salon de réception l'été, — et c'est en dégustant son caoua et en mangeant ses gâteaux et ses pastèques que nous lui avions fait cette question. Bou-Khrebia nous regarda du coin de l'œil, puis répondit : « Le pays est plus heureux maintenant, on nous rend la justice qu'on nous refusait jadis ; nous payons moins d'impôts ; nous sommes mieux traités. Mais du temps des Turcs, les Beni-Menacer — là, dans la plaine — faisaient parler la poudre contre les Chenouas — là, dans la montagne. — Les Chenouas, quand la poudre avait assez parlé, amenaient des bœufs à Bou-Khrebia, mon père, afin qu'il les aidât à faire une bonne paix. Les Beni-Menacer lui amenaient aussi des bœufs afin que, par son entremise, ils fissent aussi une bonne paix. Tu comprends ? Mon père leur faisait à tous une bonne paix. Après une demi-lune, la poudre recommençait à parler et mon père recevait encore des bœufs. Tu comprends ? Aujourd'hui, les Français ne veulent plus qu'on fasse parler la poudre. »

« — De sorte que toi, Bou-Khrebia, tu ne reçois pas de bœufs !

« — Non !

« — Alors ?

« — Alors, dit Bou-Khrebia en hésitant, je préfère les Turcs, tu comprends? »

Et quand nous nous levâmes, Bou-Khrebia nous reconduisit jusqu'à notre voiture, avec de grandes politesses et en nous serrant chaleureusement la main.

Autour de Marengo, sur les collines et sur les premières pentes de l'Atlas, se sont établis depuis quelques années des jeunes gens instruits et intelligents qui ont défriché et planté la vigne. Ils ont tous prospéré. Ils n'ont pas commencé, il est vrai, par bâtir des châteaux, comme certains, ni par rouler carrosse, comme d'autres, qui ont mangé le plus clair de leur avoir avant de planter un cep et qui, maintenant, accusent tout le monde de leur misère, sauf eux.

Tous les systèmes de plantation ont été essayés. Pour les plants, on s'en tient presque exclusivement aux communs qui donnent un fort rendement, mais un vin médiocre. Dans les environs de Marengo, 1,200 hectares de vigne sont déjà plantés. Quoique la moitié de ces vignes n'ait pas encore trois ans, l'hectare de surface plantée a rendu, en 1887, sur les collines, 32 hectolitres de vin à l'hectare en moyenne. En plaine, une vigne de 11 hectares, dont 6 de jeunes plants, a produit 1,400 hectolitres de vin, ce qui donne pour un hectare le chiffre fabuleux de 128 hectolitres.

Pour faire concurrence aux vins d'Espagne et d'Italie, toujours vinés à 15.09, le vinage est permis dans la même proportion. On vine à quai, ou chez soi, mais dans ce dernier cas on paie les frais de surveillance.

Les viticulteurs algériens ne semblent pas beaucoup redouter le phylloxera. Il a cependant été signalé autour d'Oran et dans le département de Constantine, du côté de Philippeville et de La Calle. Mais les taches phylloxériques sont peu nombreuses et en raison du caractère même du pays et de la dissémination des vignobles, il est probable que le phylloxera ne gagnera pas vite du terrain, s'il en gagne. Il s'est néanmoins constitué un syndicat de viticulteurs dans le département d'Alger « pour la défense contre le phylloxera. » Ce syndicat a son siège 17, rue Clauzel, à Alger. Il existe un deuxième syndicat dans le département d'Oran. Deux lois, d'ailleurs, l'une du 21 mars 1883, l'autre du 28 juillet 1886, ont été votées par le Parlement. L'État prend à sa charge tous les frais de destruction des vignes phylloxérées et les indemnités à payer aux propriétaires. En outre, la culture, la multiplication des *vignes américaines* par semis, graines ou plantation sont *prohibées*. Un arrêté du Gouverneur général pris en Conseil de gouvernement peut seul l'autoriser. Des agents du service phylloxérique visitent au moins une fois par an les vignobles, et une amende est prononcée contre les propriétaires qui dissimuleraient les taches.

Grâce à cet ensemble de mesures et surtout aux conditions particulières dans lesquelles se trouve le vignoble algérien, le phylloxera a été jusqu'à présent contenu et arrêté.

Chaque année, 8,000 à 9,000 hectares de nouvelles vignes s'ajoutent aux plantations déjà faites, et dès maintenant non seulement l'Algérie va pouvoir se suffire, mais va devenir un pays d'exportation de vins.

Au point de vue mécanique les nouveaux viticulteurs sont supérieurement outillés. Mais les caves manquent encore. Les uns n'en ont pas creusé faute d'argent, les autres prétendent pouvoir s'en passer, imitant en cela certains centres vinicoles de France. Mais je ne sais pas si en Algérie on se passera de caves avec autant de succès que dans la Métropole. Les vignerons ont en outre une tendance fâcheuse à rechercher la quantité au détriment de la qualité. On obtient un plus fort rendement, mais l'hectolitre ne se vend guère que 15 à 25 francs. Aussi des viticulteurs avisés, qui disposent de capitaux, après avoir fait défricher à 60 centimètres de profondeur, aux environs de Tipaza notamment, ne plantent que du bordelais ou du bourgogne (Pinot et Cabernet). Les dépenses premières seront considérables, le rendement sera plus faible, mais la qualité sera supérieure et les prix s'élèveront. Ce n'est pas que la culture des petits vins, à laquelle on a surtout visé jusqu'à présent, ne soit pas rémunératrice : on peut obtenir de 15 à 20 % de bénéfice net. J'ai vu notamment trois associés qui, ayant réuni un capital de 100,000 francs, l'ont doublé en quatre ans, ce qui donne 25 % de bénéfice par année. Et ce bénéfice augmentera encore car, dans ces quatre années, l'installation première, toujours très dispendieuse, a été faite.

CHAPITRE VIII

LES ÉTRANGERS

D'ORIGINE EUROPÉENNE

A propos d'un pêcheur espagnol de Tipaza. — La convention franco-espagnole du 7 janvier 1862. — L'armée algérienne. — La naturalisation des étrangers. — Algériens ou Français? — Autonomie ou assimilation.

Une question d'une importance majeure et dont les conséquences, selon la façon dont elle sera résolue, influeront profondément sur les destinées ultérieures de l'Algérie, est celle des étrangers européens. Nous ne nous sommes pas assez préoccupés de la condition des étrangers fixés sur le sol algérien. En fait, beaucoup parmi ces étrangers, dont près de la moitié (45 %) est née en Algérie, se regardent comme Français; en droit, ils restent étrangers, et non seulement nous ne faisons rien pour les attirer à nous, mais quoique la plupart n'aient aucun esprit de retour dans leur pays d'origine, n'aient même conservé aucun rapport, aucune relation avec lui, nous

favorisons les revendications de leurs gouverne-
ments et nous faisons dresser par nos agents, à
l'usage des consuls étrangers, des statistiques
plus complètes que celles que nous établissons
pour nos propres nationaux. J'ai entendu bien
des étrangers, des Espagnols notamment, s'en
plaindre amèrement. Il est donc urgent d'éla-
borer une loi de naturalisation spéciale à l'Algérie.
Il faut pousser vers notre nationalité les Européens fixés sur le sol algérien. Le recensement
de 1886 accuse 206,000 Etrangers contre 265,000
Français (armée non comprise). Les deux tiers
de ces Etrangers sont Espagnols d'origine et
beaucoup d'entre eux se croient Français. Je ne
saurais peindre l'étonnement et la stupéfaction
d'un vieux pêcheur de Tipaza, venu d'Espagne
vingt ans auparavant, lorsqu'on lui déclara qu'il
devait faire franciser son bateau s'il voulait continuer à pêcher. Le bonhomme n'y comprenait
rien : « Mais je suis Français, disait-il, voilà
vingt ans que je suis dans le pays, mes fils ont
servi dans l'armée française. Moi, je suis Français ! » On lui répondit que notre loi n'admettant
pas la francisation par le simple fait de la rési-
dence, s'il désirait acquérir la qualité de citoyen
Français, il avait à remplir les formalités légales.
Que lui en coûterait-il, les droits de chancellerie
n'étant pas exigés en Algérie ?

Mais ces pauvres gens, ignorants et crain-
tifs, ont traversé le détroit et se sont fixés sur la
terre française pour fuir une administration tra-
cassière. Bien que tranquilles chez nous, ils n'en
ont pas moins conservé une terreur religieuse de

ce qui a nom : Administration. S'épouvantant des démarches qu'ils auraient à faire, ils préfèrent rester dans une situation fausse. Devant l'intérêt considérable qu'il y a pour nous à faciliter l'accès de notre nationalité à ceux-là même qui se considèrent moralement comme nôtres, et dont les fils, s'ils sont Espagnols, accomplissent, en vertu de la convention franco-espagnole du 7 janvier 1862, leur temps de service militaire dans notre armée algérienne, — (sur 2,500 jeunes gens inscrits annuellement sur les listes de recrutement, 400 sont Espagnols), — ne devrait-on pas laisser de côté toute paperasserie administrative ? Certes, les sentiments généreux vis-à-vis des nations étrangères sont fort beaux, mais comme ils ne sont jamais compris et qu'on ne nous paie pas de retour, il vaudrait beaucoup mieux nous préoccuper tout d'abord de nos propres intérêts. On ne nous en respecterait que davantage.

Et la situation de Français de fait qu'occupent les Etrangers en Algérie est si évidente, ces Etrangers sont, dans leur propre esprit et dans celui des colons de là-bas, si bien des Français, que personne ne s'étonne qu'ils soient électeurs municipaux et éligibles au Conseil de la Commune. C'est cependant une disposition extraordinaire et qui certes est mauvaise. Si on ne veut pas, au moyen d'une législation spéciale à l'Algérie, en faire légalement ce qu'ils sont en fait, c'est-à-dire des Français, qu'on ne leur donne pas accès dans nos Conseils municipaux. S'ils désirent y entrer, qu'ils se fassent naturaliser ! Si au contraire on les considère moralement comme Français, pourquoi tergiverser, pourquoi ne pas le dire franchement ? Il semblerait que de gaieté de cœur, on veuille favoriser l'éclosion d'une population mixte, ni française, ni étrangère, mais algérienne. Ce n'est sans doute pas ce à quoi l'on vise ! On agit pourtant comme si telle était l'intention, et certes il serait déplorable d'arriver à un pareil résultat après tant d'efforts, tant de sang versé, tant d'argent dépensé !

Ces étrangers « *légaux* » parlent notre langue; 40 °/₀ d'entre eux au moins n'en connaissent pas d'autre. Un Espagnol, habitant Médéa depuis de longues années, me disait : « Ce que nous voulons, c'est qu'on ne nous mette pas sous la coupe des consuls et des agents du gouvernement espagnol. Notre pays n'est plus l'Espagne, mais l'Algérie ! »

— « Pourquoi ne pas demander la naturalisation, alors ? »

— « Des pétitions à écrire, des démarches à faire, des tracas, des ennuis, oh ! non. »

— « Mais pourtant ! »

— « Et si on nous la refuse ! On ne sait pas ce qui peut arriver. Que le gouvernement nous déclare Français de droit, puisque nous le sommes de fait, nous ne protesterons pas, soyez-en sûr. »

La tendance à la francisation des éléments étrangers européens ne me paraît donc pas niable. La qualité de Français, dont ils se parent, même quand notre loi ne la leur accorde pas, en est la preuve.

Parmi les fonctionnaires et parmi les employés municipaux, beaucoup, étrangers de naissance, sont devenus Français.

Les croisements entre nationalités européennes par le mariage sont assez nombreux en Algérie. En général, les Etrangères européennes recherchent plus les Français que les Françaises ne recherchent les Etrangers. Cela tient peut-être à l'instruction plus grande du Français et aussi à cette tendance à la francisation qu'ont les Européens d'Algérie.

Sur 100 mariages européens, le quart se fait par croisement. Sur 550 mariages croisés célébrés en 1885, 301 étaient contractés entre Français et Etrangères, c'est-à-dire que 301 Etrangères acquéraient par le mariage la nationalité française, tandis que 122 filles françaises seulement devenaient par le mariage étrangères.

Malgré la répugnance des Etrangers à faire les démarches nécessaires à la naturalisation, environ 375 naturalisations en moyenne sont accordées chaque année.

En présence de ces faits qui prouvent l'attraction que la qualité de citoyen français exerce sur les Etrangers, il suffirait de quelques modifications à notre loi actuelle sur la naturalisation pour amener l'heureux résultat de l'augmentation rapide de la population légalement française de l'Algérie.

Peut-être pourrait-on faire pour l'Algérie une loi de naturalisation analogue à la loi italienne, d'après laquelle naît Italien l'enfant dont les parents, étrangers d'origine, sont fixés depuis 10 ans en Italie, mais avec faculté pour cet Italien de hasard de décliner la nationalité italienne à sa majorité.

D'après ce système nous aurions de suite action sur 170,000 ou 175,000 Étrangers et nous n'aurions que plus de liberté dans la surveillance, plus de force dans la répression des éléments hostiles à notre influence.

Si nous n'agissons pas dans ce sens, voici ce qui arrivera. Au bout de deux générations, les Européens d'Algérie seront légalement Français. Mais, comme ils n'auront pas passé obligatoirement par nos écoles, comme nos instituteurs ne les auront pas imprégnés de nos traditions nationales, ces Français de droit seront Algériens de fait. Déjà aujourd'hui, les fils d'Espagnols nés dans la Colonie s'irritent de la qualification d'Espagnols : « Ils sont, disent-ils, non pas Espagnols, mais Algériens. » N'est-il pas à craindre, nos lois continuant à les considérer comme Espagnols et officiellement les laissant en dehors de l'éducation française, qu'il ne se forme chez eux un esprit particulariste, et que si des événements graves venaient à se produire sur le continent européen, en Algérie l'élément français étant noyé dans l'élément « algérien, » la France d'Afrique ne se sépare de la France d'Europe ? C'est pour prévenir toute tentative de scission qu'il faut faire entrer les Étrangers dans la patrie française, faire asseoir leurs fils sur les bancs de nos écoles et faire de la politique d'assimilation.

Ce ne serait pas la peine d'avoir compromis notre situation politique et territoriale en Europe, versé notre sang à flot en Afrique, dépensé notre or par milliards, si nous nous contentions de faire de l'Algérie une terre mixte, un pays où tous les peuples de l'Europe méridionale viendraient vivre à nos dépens et se réclameraient d'une loi étrangère au moment du danger. L'Algérie est un pays français. Il faut y faire de la politique nationale, de la politique d'assimilation ou plutôt de francisation. Il faut que l'Algérie devienne une vraie terre de France et forme des départements français au même titre que la Bretagne et la Corse (certaines réserves étant faites bien entendu pour la population indigène. J'indiquerai ces réserves à propos de la situation morale des Indigènes).

✳

CHAPITRE IX

L'ATLAS TELLIEN

Le massif de l'Ouarensenis. — Les Parisiens dans l'Ouarensenis. Le Gourbi. — Les bains d'Hammam R'hira. — Vesoul-Benian. La route de Miliana. — Un Koulougli. — Le Zaccar. — Miliana. — Les haies d'agaves. — Affreville. — La vallée du Cheliff. — Teniet el Haâd. — Organisation administrative de l'Algérie. — Territoire civil. — Territoire militaire. — Tombouctou. — La Forêt des Cèdres. — Les employés arabes.

C'est un pays bien mouvementé que le pays algérien. Très montueux, il n'en est que plus précieux pour nous. Sans articulations marines, au bout d'un continent massif, aux portes d'un désert de sable d'où le vent sort chaud et brûlant, une Algérie sans montagnes serait une contrée où s'acclimateraient difficilement les Français du Nord. Grâce aux boursouflures du sol qui donnent un climat tempéré et varié — (sur certains plateaux les hivers sont plus rudes en Algérie qu'en France) — tous les Français, de quelque canton de la France qu'ils viennent, non seulement y vivent personnellement très bien, mais y enfantent une race forte et audacieuse.

On met le double de temps et on éprouve une plus grande fatigue à parcourir la même distance dans l'Atlas que dans la Metidja. Les escarpements sont si rudes, les vallées si profondes! En revanche on ne peut pas reprocher à ce pays de manquer de routes : anciennes routes militaires sans pentes, mais très sinueuses, nouvelles routes civiles plus courtes, mais aussi moins planes, on peut choisir! On n'entretient plus certaines portions des routes ouvertes par l'armée pendant la période de la conquête. On a peut-être tort, car cet abandon a permis aux Marabouts d'entretenir de fausses espérances sur la précarité de notre œuvre.

La Metidja finit bien à la ligne Tipaza-Marengo-El-Affroun. D'El-Affroun à Affreville, c'est une contrée tout autre. On entre dans l'Ouarensenis. Des chaînes de collines au nord, des massifs montagneux au sud coupent le pays. La végétation change de caractère et d'aspect : des oliviers sauvages, des palmiers nains en quantité, des broussailles, des troupeaux de chèvres qui détruisent tout ce qui pousse et rongent les arbustes jusqu'au cœur remplacent les céréales de la plaine. Sur les flancs des hauteurs, de larges taches d'un gris blanc font supposer de récents incendies. Moins de Français, davantage d'Indigènes. Trait d'union entre la tente des Nomades et la maison demi-civilisée de la Kabylie, des gourbis isolés ou groupés indiquent que la population indigène est déjà fixée au sol. Le gourbi affecte le plus souvent la forme d'un parallélogramme. Les murs sont en terre battue mêlée de branches d'arbres, le toit en branchages et en diss. La hauteur de l'édifice varie entre 1^{m}80 et 2^{m}50. Ni fenêtres, ni cheminées. Une porte qui monte jusqu'au toit permet aux hommes et aux animaux de s'introduire dans l'intérieur. Dedans, une seule chambre ; à une des extrémités un carré, en contre-bas de 10 ou 20 centimètres, est spécialement affecté aux bêtes. Jadis il n'était guère permis à un Européen de pénétrer dans ce gourbi ; aujourd'hui, l'accès n'en est pas plus difficile que celui d'une maison européenne. On se montrera même particulièrement aimable si vous avez la chance de passer pour chendât ou toubib (soldat ou médecin.)

Des chiens maigres à grosse queue, qui aboient toute la nuit, gardent les gourbis contre les voleurs ou les intrus. Ne menacez jamais les chiens arabes du bâton, ils se jetteraient sur vous, mais faites mine de ramasser une pierre, ils s'enfuiront aussitôt.

Les Marabouts et les Indigènes riches du Tell renoncent au gourbi : ils se font bâtir par des maçons français de petites constructions pareilles à nos maisons de colonisation. Les murs sont blanchis à la chaux ; l'intérieur offre un pêle-mêlc curieux de nattes, de tapis, de coffres arabes et de meubles français.

Les riches ne cultivent pas eux-mêmes leurs terres : ils ont des métayers, des Khammès à qui revient le 5e du produit.

Quel paysage splendide on découvre du sommet des premières hauteurs de l'Ouarensenis ! A droite et à gauche, des montagnes aux teintes

invraisemblables, couvertes de bois, ou simplement de broussailles de lentisques et de chênes
nains ; au-dessus de sa tête des cîmes escarpées,
au-dessous de soi, des gorges encaissées ; à ses
pieds la jaune Métidja où les carrés blancs des
villages entourés de sombres eucalyptus forment
comme des îles au milieu d'un Océan ; en face,
les collines du Sahel que domine la masse grisâtre et nettement tranchée du Tombeau de la
Chrétienne, et, — à 60 kilomètres au moins, —
par derrière le Sahel, une ligne miroitante qui se
confond avec le ciel et qui est la mer.

La population est encore clairsemée dans
l'Ouarensenis. On marche parfois des heures en-
tières à travers les montagnes sans rencontrer
âme qui vive : çà et là des gamins et des gami-
nes indigènes, très sauvages, hauts de deux cou-
dées et s'effarouchant à la vue d'un être en bot-
tes et en casque, y gardent des troupeaux de
vaches, de chèvres et de moutons. Ces bergers à
l'air innocent surveillent pourtant d'un œil in-
quiet tous les coins du pays, non dans des inten-
tions hostiles, mais pour faire déguerpir les
bestiaux, si le garde-champêtre apparaît. Ils ne
se gênent pas, en effet, pour laisser leurs bestiaux tondre les récoltes du voisin. Tombant
à peu près toujours sous le coup d'une contra-
vention et craignant les procès-verbaux, ils se
tiennent perpétuellement sur le qui-vive.

De loin en loin, derrière les plis de terrain
apparaissent des agglomérations de gourbis, et
dans les vallons, des villages français. Des bourricots passent, poussés à travers des sentiers

abruptes, par des Indigènes. Si vous marchez en sens inverse, l'Indigène se contente de vous lancer en passant un bonjour (alekou), mais s'il vous rencontre assis et vous reposant, il arrête son bourricot et engage la conversation. « Où allez-vous? d'où venez-vous? etc. » Si vous lui faites la politesse de lui offrir une gorgée d'eau-de-vie — (quoique sa religion lui en défende l'usage, il ne s'en prive pas) — il ne tarit plus, vous raconte son histoire et le colloque se termine souvent par une invitation à dîner, surtout si votre « Ouarensenisien » est de race arabe. Mais on ne se demande jamais comment va la santé, ce serait une impolitesse grave.

Un de ces Arabes nous amusa bien un jour. Nous nous étions arrêtés sur un plateau aride, à un kilomètre d'Hammam R'hira et nous contemplions en face de nous, de l'autre côté de la vallée au fond de laquelle on entr'apercevait la ligne du chemin de fer d'Alger à Oran — des montagnes jaunes ici, roses là, grises ailleurs. Notre Arabe, dont le bourricot portait deux sacs d'orge destinés à un colon d'Hammam R'hira, vint nous demander du feu. Quand il eut allumé sa cigarette, nous lui montrâmes une lunette d'approche. Il la prit, l'examina. « Joli besef » (très beau), fit-il par politesse. Nous lui dîmes de la mettre devant les yeux et de ne pas abaisser les paupières comme il le faisait, mais de bien regarder. Il serait impossible de rendre l'air d'ahurissement et de stupéfaction avec lequel, au bout d'un instant, il se tourna vers nous en criant : « Le chemin de fer qui est venu là tout près. » Et quand son étonnement fut un peu calmé, il ajouta en matière de moralité : « Les Français, ce sont des diables. Ils changent les chemins de fer de place. »

Des Parisiens — ingénieurs, artistes — vivent en gentilshommes campagnards dans des coins perdus de l'Ouarensenis, surveillant leurs ouvriers indigènes qui plantent la vigne. Ce sont des types curieux, ces Parisiens. J'en ai entendu qui, ayant gaspillé leur fortune à Paris, disaient : « Il n'y a que deux façons de comprendre l'existence : ou vivre luxueusement à Paris avec 30,000 livres de rente, ou, si on ne les a pas, défricher, planter, chasser dans les solitudes de l'Ouarensenis. Cette dernière façon est la meilleure. »

Au milieu d'un chaos de montagnes jaunes, grises, roses, vertes, violettes — toutes les teintes — Hammam R'hira étale ses carrés de vigne et montre les blanches constructions de son établissement de bains. Les bains d'Hammam R'hira sont justement fameux en Algérie; et l'époque n'est pas éloignée où ils égaleront en réputation les plus renommées des stations thermales de la vieille Europe. Outre les salles à l'usage des malades qui viennent faire une cure, une piscine carrée où l'eau a 47 degrés centigrades à la surface et 75° à la sortie de terre permet de se baigner. Deux autres sources alimentent aussi des piscines, mais leur température n'est que de 44 degrés. Il y a des eaux ferrugineuses et des eaux salines. Une source froide (19°) débite par seconde 7 litres d'une eau ferrugineuse à base de chaux. Cette eau acidulée et gazeuse renferme du fer, du manganèse, du bicarbonate de chaux et du gaz acide carbonique. On la boit dans les cas de gastralgie et d'anémie. Les sources chaudes sont salines, sulfatées à base de chaux. Maladies de la peau, névralgies, rhumatismes, scrofules sont soignés par ces eaux.

Sur le flanc de la montagne et en dehors de l'établissement civil, un hôpital militaire a été construit récemment.

Hammam R'hira est à 600 mètres au-dessus du niveau de la mer, à 32 kilomètres de Miliana, à 60 de Blidah et 50 de Cherchell.

Nous jouîmes à Hammam R'hira d'une petite scène assez comique. Deux Arabes avaient été condamnés pour quelque méfait à arroser tous les jours pendant un mois une trentaine de platanes qui bordaient la route. C'était l'affaire d'une demi-heure par jour, au maximum. Nos Arabes arrosaient, ayant en main un petit pot qui pouvait bien contenir un litre et demi d'eau. Et graves, impassibles, d'un air solennel et digne, ils remplissaient leur petit pot à la fontaine et l'allaient, à pas comptés, verser au pied d'un platane. Alors ils s'asseyaient, roulaient une cigarette et quand elle était fumée, retournaient à leur corvée. La comédie durait depuis deux heures et elle était loin d'être terminée quand nous partîmes. Ce travail forcé était pour eux une manière plaisante et agréable de perdre la demi-journée, peut-être la journée!

En plein mois d'août, les longues marches à pied sont assez dures dans ces montagnes. Mieux vaut cependant faire plus de chemin en suivant les routes et leurs lacets répétés, que de s'engager dans les sentiers rectilignes. Ces sentiers abrègent notablement la distance, mais grimpant tout droit jusqu'au sommet des pentes à pic et les redescendant presque verticalement, ils ne sont commodes qu'aux chèvres et causent en fin de compte une perte de temps et un surcroît de fatigue. Nous en fîmes une fois de plus l'expérience en voulant atteindre Vesoul-Benian, sans nous écarter de la ligne droite.

Vesoul-Benian, très près d'Hammam R'hira à vol d'oiseau, mais en réalité assez loin parce qu'une vallée très creuse les sépare, est un beau village peuplé de Jurassiens. Vesoul-Benian fut attaqué pendant l'insurrection de 1871. Il n'y avait qu'une poignée d'hommes dans le village. On les exhorta à fuir : ils refusèrent et se préparèrent à recevoir les insurgés. Peu après les Beni-Menacer parurent. Un colon qui s'était attardé dans les champs fut surpris et tué. Alors les Kabyles tout fiers se précipitèrent vers le village. Mais ayant entendu quelques balles leur siffler aux oreilles, il s'arrêtèrent et se mirent prudemment à l'abri, attendant que des hommes isolés voulussent bien venir se faire tuer. Sur ces entrefaites, ayant appris que des soldats français avaient été vus dans la vallée, ils se hâtèrent de déguerpir au plus vite : Vesoul-Benian est bâti sur la route de Miliana. Cette route que côtoient des précipices dont on entrevoit à peine le fond, est très sinueuse, contournant les hauteurs au lieu de les escalader. Tout ce qui est à peu près plan dans ces montagnes est cultivé en céréales. Ce qui est trop incliné est laissé à la brousse ou à rien du tout, lorsqu'il y a des chèvres dans le voisinage. Le climat se modifie insensiblement. La température de douce et de tempérée qu'elle était dans le Sahel et dans la partie basse du Tell — (dans la première quinzaine d'août, le thermomètre a oscillé entre + 21° et + 29° centigrades à Alger, variant de + 12° à + 32° à Paris et de + 19° à + 28° à Nice) — devient moins égale. C'est déjà comme un commencement du climat continental; la chaleur s'élève dans le jour et les nuits sont plus fraîches.

.... « Vous autres Français, vous nous appelez tous Arabes, comme nous, vous appelons tous Français. Mais parmi nous, il y en a qui ne sont pas Arabes, comme parmi vous, qui ne sont pas Français, qui sont Italiens. Pourquoi, puisque vous avez francisé les Juifs, ne pas nous avoir francisés aussi, nous les « Turcos » qui ne sommes pas des Arabes et qui avons combattu avec vous. » C'était un Koulougli, un Turco comme il se désignait lui-même, qui nous parlait ainsi sur la route poudreuse de Miliana, tout en excitant par des claquements de lèvres et des *arri, arri*, répétés, deux petits bourricots marchant devant nous, et par lesquels il nous avait obligeamment offert de faire porter nos sacs. Et regardant ce « Turco » aux traits fins, au nez droit, à l'air intelligent, semblable en tout à un Français un peu affiné, nous ne trouvions rien à répondre. Et il n'y avait rien à répondre. Les Turcos et les

Maures, habitués par tradition à l'omnipotence
de l'Etat, ne prendront pas sur eux de demander
la naturalisation qu'ils désirent. Ce serait au
Gouvernement à les franciser en bloc.

En approchant de Miliana nous quittâmes la
grande route et nous nous engageâmes dans un
sentier qui grimpait le long du Zaccar. De beaux
arbres, de frais ombrages nous avaient séduits.
Nous admirions cette puissante végétation fores-
tière, quand tout à coup, à un détour du sentier,
nous nous arrêtâmes : devant nous se montrait
un large espace dénudé. Des tronc tordus et
noircis grimaçaient dans l'air, la terre couverte
de cendres et d'esquilles de charbon exhalait
une odeur fade et chaude et les réverbérations
du soleil sur cette poussière aveuglaient. 1,500
hectares de bois avaient brûlé l'avant-veille.

Le mur d'enceinte de Miliana est bâti sur
les fondations du rempart romain. Miliana est
une charmante petite ville sur les flancs du
Zaccar, pleine d'ombre et d'eau fraîche. La
« reine du Zaccar » renferme dans ses murs
plusieurs centaines de Juifs. Laborieux et éco-
nomes, ces citoyens français ont entre leurs
mains presque tous les petits métiers.

La place d'armes de Miliana forme une ter-
rasse qui domine de plusieurs centaines de
pieds la vallée du Cheliff, et de laquelle la vue
plonge sur toute la plaine jaune où le fleuve est
censé couler. Tout ce pays algérien prend un
aspect de plus en plus grandiose à mesure qu'on
avance dans l'intérieur.

Miliana, à cause de sa situation sur un rocher,

à mi-côte d'une montagne de 1,600 mètres d'élévation, n'a pas de gare de chemin de fer. Le chemin de fer passe dans la vallée et c'est Affreville, une cité naissante, qui sert de gare à Miliana. Affreville est bâtie d'hier et compte déjà 1,200 habitants. Elle est située, en effet, dans une position très importante, au croisé de deux chemins d'invasion : la vallée du Cheliff moyen, largement ouverte et par laquelle on a accès sur les hauts plateaux, et une coupure longitudinale parallèle à l'Ouarensenis et au massif des monts du Dahra à l'ouest de Cherchell, laquelle coupure s'ouvre sur la Metidja.

La route de Miliana à Affreville n'est qu'une longue pente. Cette pente est comme un verger. Des pommiers et des poiriers, des amandiers, des grenadiers, des cactus poussent dans des jardins clos de haies d'agaves. L'agave est une plante étrange. C'est une sorte d'aloès. D'une rosace de feuilles longues et épaisses monte jusqu'à 4 et 5 mètres de hauteur une tige cylindrique écailleuse, semblable à une asperge gigantesque et grosse comme la cuisse d'un homme. D'énormes grappes d'une fleur jaune, disposées le long de la hampe à partir des deux tiers de la hauteur donnent à l'agave l'aspect d'un candélabre monstre. Les fibres des feuilles sont fortes et déliées ; on en fabrique des cordes, des filets, des nattes, du papier. On dégage les fibres en faisant rouir les feuilles dans une eau stagnante ; on les lave, on les bat, on les écrase le long d'une planche et on racle avec un grattoir la partie charnue. C'est aussi de la feuille que l'on retire

un suc noirâtre employé en Algérie au blan-
chiment des étoffes.

Le Cheliff qui passe près d'Affreville est le
plus long fleuve d'Algérie (650 kilomètres.) Il
est presque aussi long que notre Seine, mais
pendant la traversée des hauts plateaux, ce n'est
qu'un ravin et dans le reste de son parcours il ne
roule guère d'eau en été. Quelques flaques dans
les creux, des bateaux qui se desséchaient sur le
sable, et les ponts, de superbes ponts métalliques,
indiquaient seuls, au sortir d'Affreville, sa position. Pendant les mois d'été, en effet, il ne commence à couler qu'en aval d'Affreville, du côté
d'Orléansville, mais à cette époque il n'apporte
pas à la mer plus de 2 à 3 mètres cubes d'eau
par seconde. C'est par plusieurs milliers que son
débit se chiffre après les pluies. Vu sur une carte,
et marqué en gros traits il produit pourtant son
effet, ce pauvre Cheliff ! Sa vallée de la mer à Boghar est d'une étonnante fertilité. Le blé y pousse
d'une manière prodigieuse. Mais que de place
encore pour les futurs colons !

Que d'espaces encore livrés au palmier nain
et qui n'attendent que la pioche du défricheur
pour produire des choses utiles. Le pays se
peuple néanmoins. Des fermes, des hameaux
neufs s'échelonnent le long de la route de
Teniet-el-Haâd, que sillonnent les diligences et
les lourdes voitures de roulage traînées par neuf
chevaux.

La vallée, très large en amont d'Affreville, se
resserre peu à peu ; des montagnes d'abord
dénudées, puis couvertes de lentisques, puis de

forêts de pins, descendent jusque vers la route qui est très pittoresque. Des blocs de rochers ont roulé du haut des montagnes et se tiennent suspendus par leur pointe, comme prêts à crouler sur la tête du voyageur; d'autres affectent des formes de monuments dégradés, de châteaux-forts en ruines, d'animaux fantastiques, d'hommes gigantesques. Le plus remarquable de ces rochers est le *Pain-de-Sucre*, qui se dresse, seul et isolé au milieu d'une petite plaine très étroite. C'est un bloc en forme de cône, à la pointe duquel est posée une énorme · pierre ronde, oscillant au souffle du vent.

D'Affreville à Teniet-el-Haâd la route ne cesse de monter. Pendant 70 kilomètres, on traverse la chaîne de l'Atlas, et que la route monte ou descende, les petits chevaux arabes galopent. Le soleil d'août surchauffe les blocs de rochers d'un gris de fer, qui bordent la route, une poussière fine et brûlante s'élève du sol sous les pieds des chevaux et les enveloppent d'une buée grise. Ils courent toujours. On prend seulement la précaution de leur humecter les naseaux à l'aide d'une éponge mouillée, quand on passe devant une fontaine. On croise des Arabes : ils portent comme les Indigènes du Chenoua de hauts chapeaux de paille bariolés de diverses couleurs par dessus leur calotte et leur haïk. D'autres Indigènes viennent faire leur provision d'eau aux fontaines neuves, récemment construites par l'Etat français. Ils sont descendus des montagnes avec leurs bourricots sans bride. Une casserole d'importation française leur sert à remplir d'eau leur peau de bouc dont ils lient les ouvertures avec des liens d'herbes sèches, et puis, ils remontent, graves, à leurs gourbis par des sentiers escarpés.

Lorsqu'on a franchi toute l'épaisseur des montagnes, on est à Teniet-el-Haâd. Teniet-el-Haâd est un bourg de 3,500 habitants situé à 1,145 mètres d'altitude à l'entrée des Hauts Plateaux. C'est une position stratégique importante, au débouché des cols par où passe la route d'Affreville et par où l'on peut tourner le massif de l'Ouarensenis, descendre dans la vallée du Cheliff moyen, et se porter de là soit sur Oran, soit sur Alger. Une redoute carrée où sont les casernes, l'hôpital, les magasins, et que traverse la route de Tiaret, rappelle le temps où les coups de fusil et les clameurs des combattants faisaient retentir les échos de cette région maintenant si paisible. Teniet-el-Haâd est le chef-lieu d'une commune mixte.

L'Algérie étant terre de France, les différents services publics relèvent des divers ministères de Paris. Mais pour la prompte exécution des affaires, ces services sont centralisés à Alger entre les mains d'un Gouverneur général civil, nommé par le Président de la République. Ce gouverneur est assisté d'un Conseil de gouvernement, composé des chefs de service et de 18 conseillers généraux, délégués par leurs collègues à raison de 6 par département.

Chacun des 3 départements (Oran, Alger, Constantine), administré par un Préfet et par des sous-préfets, envoie encore deux députés et un sénateur au Parlement de Paris.

Dans chaque département, un Conseil général composé de membres français élus par tous les citoyens français et de 6 assesseurs indigènes désignés par l'administration centrale a les mêmes attributions qu'en France.

Il n'y a pas de Conseils d'arrondissement.

Chaque commune civile de plein exercice est administrée par un Conseil municipal et par un Maire. Sont électeurs municipaux les Français, les Etrangers européens et les Indigènes musulmans âgés de 25 ans et qui sont ou propriétaires fonciers ou fermiers d'une terre, patentés, employés, décorés de la Légion d'honneur ou de la médaille militaire et domiciliés depuis 2 ans au moins dans la commune. Le nombre des conseillers indigènes non citoyens français ne peut excéder le quart des membres du Conseil ni s'élever au-dessus de 6.

Telle est l'organisation administrative du territoire civil. Tout le Tell est aujourd'hui territoire civil. Dans les cantons où les colons sont peu nombreux, eu égard à la population indigène, la commune civile est dite mixte. Elle est dirigée non plus par un maire mais par un administrateur nommé par le préfet. Une Commission municipale remplace le Conseil élu.

Sur une partie des Hauts Plateaux et dans tout le Sahara algérien, c'est encore l'Administration militaire qui domine. Le pays est dit : *territoire militaire*. A la tête du territoire militaire de chaque département (nommé Province en

style administratif militaire), un Général fait
fonctions de Préfet. Au-dessous de lui sont
des commandants de subdivisions. La subdivision se fractionne en cercles, eux-mêmes com-
posés de communes mixtes avec un administrateur
nommé par le général, et de communes indigènes
avec des chefs indigènes relevant de l'autorité
militaire. Ce sont les Bureaux Arabes, formés
d'officiers, qui servent d'intermédiaires entre les
Indigènes des territoires militaires et l'Administration militaire.

Dans l'intérêt de la colonisation et du prompt
peuplement de l'Algérie par les Français, le
territoire militaire doit peu à peu céder la place
au territoire civil. L'officier, en effet, par la
nature même de ses études et de ses occupations
est forcément amené à voir dans l'Algérie surtout
un champ de manœuvres. Là où l'Administration
reste militarisée, la portée des troubles qui peuvent se produire est niée d'abord et la répression
ne se fait pas de suite. Qu'importent au soldat,
pour qui la vie d'un homme est si peu de chose,
quelques fermes pillées, quelques colons massa-
crés, s'il a ensuite l'occasion d'accomplir de
beaux exploits et de se distinguer. Les événements de 1871 dans la Kabylie et ceux du
Sud-Oranais en 1881 n'ont que trop démontré
que le système ci-dessus exposé est celui de l'Administration militaire. Ce qui se passe actuellement au Tonkin en est une nouvelle preuve.
L'élément civil au contraire ayant besoin de tranquillité pour faire produire la terre et vendre les
récoltes, s'applique à prévenir toute agitation.

C'est sur l'invasion pacifique des hommes et des idées, plus que sur le canon, qu'il compte pour occuper solidement le pays et le franciser. Mais si une insurrection éclate, l'Administration civile saura de suite la réprimer impitoyablement. Loin de favoriser la brillante féodalité arabe, notre pire ennemie, elle cherche à la ruiner en détachant d'elle la masse pauvre et ignorante des musulmans. Car le peuple musulman a besoin, lui aussi, de paix et de tranquillité pour vivre. Et le jour où on sera parvenu à le soustraire à l'influence des « hommes de grande tente » et des Sociétés religieuses, ce jour-là il sera Français.

Teniet-el-Haâd compte parmi ses habitants un certain nombre de nègres. Ils forment, un peu en dehors du bourg français, un quartier spécial, Tombouctou, réunion de cases en paille et de huttes sphériques en terre, qui ressemblent à de grosses taupinières. Mais à cette hauteur, à l'entrée d'un plateau où l'air est très sec et où la neige couvre le sol en hiver, cette population nègre, habituée à la température tépide, électrique et molle du climat intertropical, perd plus d'hommes qu'il ne lui en naît. Elle disparaîtrait vite, si elle n'était pas alimentée par un courant d'émigrants, venus librement ou échappés des marchés d'esclaves du Sahara et du Soudan.

Chaque été, Teniet-el-Haâd héberge quantité de touristes venus du littoral pour visiter la *Forêt des Cèdres*. Et de fait, il est difficile d'imaginer plus beaux points de vue que ceux qu'offre cette forêt. Le site est déjà par lui-même suffisamment grandiose ou sauvage, avec ses perspectives

lointaines ouvertes tout à coup à travers une
déchirure de montagne, avec ses ravins qui
apparaissent tout bleuâtres dans le fond tant ils
sont profonds, avec ses hauteurs presque inac-
cessibles. Les cîmes des cèdres d'un bleu
sombre, qui s'élèvent comme de larges parasols
ou des éventails déployés jusque sur le sommet
des plus arides escarpements ne font qu'ajouter
à l'étrangeté et au pittoresque du lieu.

Cette forêt a 3,500 hectares de superficie. Des
sources ferrugineuses sortent d'entre les racines
des cèdres, et dans les endroits où le sable semblerait devoir arrêter toute végétation, poussent
des chardons-artichauts gigantesques. Les agents
forestiers sont français : sous leurs ordres tra-
vaillent des employés arabes. Cette population
de forestiers arabes est très intéressante à visiter.
Le lent mouvement d'assimilation de la race
indigène est très visible là. Les maisons sont de
construction française. Le vêtement de l'homme
est un compromis entre le costume indigène et
le costume français. La femme est voilée quand
elle sort, mais elle fait société, se promène, cause,
rit avec la femme de l'agent français. Elle passe
encore une partie de la journée à tourner la
meule en chantant des refrains monotones. (On
croirait entendre un de nos chanteurs de vieilles
complaintes). Mais elle n'est plus cloîtrée. On peut
la visiter et la voir chez elle à visage découvert.
Chez elle, elle porte souvent une jupe française et
enroule autour de sa poitrine un voile de mousseline, qu'elle enlève même, lorsqu'il fait très
chaud. L'ameublement est caractéristique. Le

tapis arabe qui servait de lit jadis, existe encore, mais on dort maintenant sur un matelas, un traversin, un oreiller français. Il y a des chaises et une table — non plus la table basse des Arabes, mais une table haute — des verres, des cuillers, des fourchettes, ces dernières étant d'ailleurs réservées pour les grandes occasions. Si madame est seule au logis, elle vous en fait les honneurs, puis retourne à sa meule. Regardez, mais ne touchez pas, vous baisseriez dans son estime : un homme ne doit pas s'occuper du moulin. Elle n'ose pas d'abord questionner. Le mari, tout francisé qu'il soit, est encore loin de la traiter en égale et par habitude depuis longtemps prise, en présence d'un homme elle se fait faible et tremblante. Elle s'apprivoise pourtant et interroge :

« Toi d'Alger ? »

— « Non. »

« De France, alors ? C'est beau, la France ? Et Paris ? »

— « Et toi, lui dites-vous, avec une pointe de malice, tu es Kabyle ? » A cette question, elle se redresse fièrement, offensée de votre supposition : « Oh ! non, pas Kabyle, pas Kabyle, Arabe. »

Si c'est au contraire le mari que vous rencontrez, il vous demande : « Toi, Français de France, Monsieur ? » Et il ajoute de suite : « Moi, je suis Arabe. Il y a beaucoup, beaucoup de soldats en France ! Et des gros babords ! La France est très puissante. Les Arabes peuvent pas lutter contre vous. »

Cette Forêt des Cèdres est si belle, ses aspects sont si variés, que nous nous y attardâmes et que la nuit nous surprit en pleine montagne. Nous quittâmes, sans nous en apercevoir, le chemin et nous nous trouvâmes bientôt dans un ravin pelé, puis dans une plaine crevassée couverte de hautes herbes. Après plusieurs heures de marche et de contre-marches nous avisâmes une masse grisâtre que nous jugeâmes être une ferme. Nous approchâmes. Devant nous, un grand carré de bâtiments s'élevait, mais il n'y avait personne au dedans. Enfin, nous finîmes par atteindre un douar arabe qui nous remit dans la bonne voie. Un des hommes eut même l'obligeance de nous guider jusqu'à la grande route.

✳

CHAPITRE X

LES HAUTS PLATEAUX

Aspect du pays. — Les deux chaînes de l'Atlas : Atlas tellien au nord, saharien au sud. — Climat des Hauts Plateaux. — Production : alfa, diss. — Moutons. — Arabes nomades. — Organisation sociale des Arabes. — Etat d'esprit. — Les Sociétés religieuses.— Assimilation possible et progressive des Indigènes par l'école. — Naturalisation spéciale et à deux degrés pour les Indigènes. — Les anciens Tirailleurs.

Lorsque, à une ou deux journées de marche au sud de Teniet-el-Haâd, on s'arrête, au soleil couchant, sur le sommet d'une de ces montagnes aux tons fauves qui forment les derniers escarpements de la chaîne septentrionale de l'Atlas — on voit se dérouler devant soi une immense plaine, coupée çà et là de mamelons rougeâtres et qui s'en va, loin, loin, dans l'horizon infini du sud. Ce sont les Hauts Plateaux. C'est le pays de l'alfa et du diss. L'alfa pousse là naturellement, sans que la main de l'homme y soit pour quelque chose. On le récolte sans l'arracher, car, pour que la tige repousse, le pied doit rester en terre. C'est après les premières pluies que la sève recommence à monter. Pour le cueillir, on saisit

entre les deux mains la tige du haut et l'on tire
à soi : toutes les tiges, qui, partant de la gaîne
cylindrique de la base, s'élancent en l'air comme
une gerbe de blé, se détachent alors. On les met
en ballot et elles partent pour la côte. 100,000
tonnes d'alfa sont ainsi exportées chaque année.
Ce sont des bateaux anglais, ce sont des usines
anglaises qui en transportent et en manufacturent
les quatre cinquièmes. L'alfa nous revient alors,
sous forme de cordages, de nattes, de corbeilles,
de papier, de toile même.

Le diss qui est une sorte de roseau comme
l'alfa n'est guère exploité que par les Indigènes
qui en tirent des cordes pour les ballots.

La teinte du sol sur les Hauts Plateaux d'Alger est le plus souvent d'un gris clair avec des
places blanchâtres et l'eau de mainte source y
est salée.

L'Atlas se divise en deux massifs presque
parallèles entre eux et parallèles à la mer. Un
plateau de deux cents kilomètres de largeur et de
900 mètres d'altitude moyenne sépare ces deux
massifs dont la hauteur varie entre 1,500 et 2,000
mètres. C'est ce plateau, situé par conséquent en
contre-bas et entre deux massifs qui porte le
nom de Hauts Plateaux.

Dans le département d'Alger, sauf le Cheliff,
les fleuves qui y prennent naissance ne coulent
pas vers la mer. Ils vont déboucher dans des lacs
intérieurs sans issue et salés.

Comme, au nord et au sud, les deux bourrelets
de l'Atlas, formant écran, dominent de 500 ou
600 mètres la contrée intermédiaire, les Hauts

Plateaux sont un pays fermé. Aussi, les nuages poussés de la Méditerranée par les vents du nord-est, se précipitent-ils en pluie dans le Tell seulement, et parviennent-ils rarement à franchir la masse montagneuse qui termine les Hauts Plateaux au nord. De même les massifs qui séparent vers le sud les Hauts Plateaux du Sahara arrêtent en partie les vents secs et desséchants du Désert. Cependant il arrive que, par les brèches de l'Atlas, le vent du nord en hiver, le siroco en été, passent et balaient toute la surface des Hauts Plateaux. Aussi, le climat de cette plaine fermée par des montagnes et ne recevant guère les vents humides de la mer est-il tout continental. Les étés y sont torrides et les hivers glacials. Dans la même saison les différences de température entre le jour et la nuit sont considérables. Un peu au sud de Teniet-el-Haâd, au mois d'août, j'ai vu le thermomètre marquer $+ 40°$ centigrades à midi et $+ 3°$ seulement à deux heures du matin. Aussi, les nuits passées en plein air sur les Hauts Plateaux sont-elles loin d'être toujours délicieuses comme les nuits du Tell. On y grelotte avec des habits de laine.

Nos Français des Plateaux du sud-est, nos Arvernes du massif central sont des colons tout désignés pour peupler les Hauts Plateaux algériens. Ils y retrouveront les caractères généraux du climat de leur pays.

Les colons français sont encore rares sur les Hauts Plateaux de la province d'Alger. C'est pourtant une région d'avenir et qui vaut mieux que sa réputation. Les Hauts Plateaux, à l'époque

actuelle, présentent il est vrai, en beaucoup
d'endroits, cet aspect désolé et dévasté particulier aux pays musulmans. Autrefois la plus
grande partie des Hauts Plateaux était un pays
riche où le blé poussait, où l'eau coulait dans des
canaux d'irrigation. Mais où l'Arabe a passé,
rien ne pousse plus ; le désert se fait devant lui ;
la stérilité marche derrière son cheval. Nos colons
ont déjà tranformé le Tell : ils l'ont défriché,
planté, labouré. Les arbres y verdoient, la vigne
y pousse, le blé y fait merveille, l'eau des sources
et des rivières barrées irrigue les terres. Ils ont
même fait de plaines basses, médiocrement
salubres au temps des Arabes, des pays aussi
sains que les plus sains de notre France. Avec
moins de peine encore, ils mettront en valeur les
Hauts Plateaux, et où le blé ne poussera pas, où
les pâturages seront rares, ils régulariseront la
culture de l'alfa, cette plante précieuse, qui vient
toute seule et dont on fait des cordes, des tapis,
des corbeilles, du papier, de la toile. Ils n'auront
pas à assainir, comme dans certains cantons du
Tell, car en raison même de leur climat extrême,
les Hauts Plateaux sont d'une salubrité parfaite.

C'est seulement à partir des Hauts Plateaux
qu'on les aperçoit, les *nomades*, les vrais Arabes
avec leurs tentes basses semées de rayures alter-
nativement blanches et noires, les cavaliers
classiques encastrés dans leurs hautes selles, le
long fusil en travers, le haïk de laine roulé au
corps, le burnous flottant et la tête parfois
surmontée d'un chapeau de paille haut de forme.

Ceux-là, leurs seules richesses sont des moutons, qu'ils conduisent de pacage en pacage. Quand ces moutons sont suffisamment engraissés, les *nomades* les vendent par troupeaux aux gros marchands d'Alger ou de Marseille.

La société arabe est aristocratiquement organisée : une noblesse d'origine, une noblesse militaire, une noblesse religieuse y détiennent l'influence.

Est à proprement parler noble d'origine, celui qui descend de la fille ou de l'oncle de Mahomet. Celui-là porte le titre de chérif. Les chérifs authentiques sont, on le comprend, rares : moyennant finances, on se fait fabriquer une généalogie et on est chérif.

La noblesse militaire se compose des hommes dont les ancêtres comptent parmi les premiers conquérants du pays ou dont la famille s'est illustrée à la guerre. C'étaient eux qui guidaient jadis les Arabes au combat.

La noblesse religieuse est héréditaire comme les deux autres. Elle est formée des Marabouts, qui, de père en fils, sont Marabouts. Mais la profession de Marabout n'est pas fermée. Un homme pieux devient Marabout : il est noble et ses fils le seront aussi.

La loi civile arabe c'est le Coran et les commentaires du Coran. C'est donc une loi écrite, par conséquent moins aisée à modifier par nous que la loi coutumière kabyle.

L'organisation administrative des Arabes en territoire militaire est la suivante : le fonctionnaire le plus élevé est un bach-agha nommé par le gouvernement français. Il dispose d'une force armée indigène pour faire respecter l'ordre et la paix, et comme la responsabilité est effective, le voyageur jouit d'une sécurité absolue.

Au-dessous du Bach-Agha et dans chaque subdivision un Agha relève du commandant militaire de la subdivision.

Plus bas, le Caïd commande à la tribu, la tribu n'étant plus un organisme distinct, mais rentrant dans la commune mixte.

Si la tribu est nombreuse, elle se fractionne en douars. A la tête des quelques tentes formant un douar est un cheick.

La justice, en territoire militaire, est rendue aux musulmans selon les commentaires du Coran agréés par les tribunaux français. Pour les causes simples les juges sont des Cadis, au nombre de 150, nommés par le gouvernement français, et rétribués, avec prime pour ceux qui parlent notre langue. Ces cadis avec leurs suppléants forment un tribunal (Mahakma), qui peut prononcer des amendes jusqu'à 25 francs. Les musulmans ont d'ailleurs le choix entre leurs cadis et nos juges de paix. En fait, les Arabes soumettent de plus en plus leurs contestations à la décision du juge de paix français.

Pour les causes délicates entre Arabes, fonctionne un tribunal supérieur appelé Medjelès. En pratique, ce tribunal juge peu d'affaires.

Tout ce monde arabe, si longtemps figé, commence à sortir de son immobilité séculaire. Je ne parle pas des Indigènes du Tell plus qu'à demi francisés, mais des Arabes nomades des Plateaux. Les Nomades se meuvent de moins en moins. Les propriétés individuelles qui se constituent tout autour d'eux, la civilisation qui gagne de proche en proche les arrêtent. Leurs chefs sont ou nommés par nous ou reçoivent une sorte d'investiture. Des groupes de population de plus en plus considérables viennent s'agglomérer aux communes françaises. Les colons avancent et débordent sur les Hauts Plateaux. Les Plateaux d'Oran et de Constantine sont déjà fortement entamés, ceux d'Alger le seront sous peu.

Est-ce à dire que le « Grand Sud » soit définitivement pacifié et qu'il n'y ait plus à craindre de mouvement insurrectionnel sur la ligne des postes du désert ? Il serait téméraire de l'affirmer, surtout si les stations extrêmes avancent de plus en plus vers le sud et si notre influence continue à pénétrer de plus en plus loin dans le Sahara. Mais les agitations, si elles se produisent, deviendront de plus en plus rares, de plus en plus faciles à réprimer et ne pourront plus compromettre ou entraver l'œuvre de la colonisation. Nous ne devons certes pas nous endormir : nous devons surveiller les grands chefs arabes que nous employons, et certains des ordres religieux. Le monde musulman est dans une période de fermentation. Un mouvement de concentration, suivi d'une poussée en avant, s'est produit dans l'Islam. Des Sociétés religieuses puissantes, telles que celle des Senoussii se sont fondées pour combattre les Infidèles. Les affiliés, les Khouans qu'on appelle derviches en Turquie et fakirs dans l'Inde, jurent d'obéir passivement à tout commandement venu des chefs. Le « Perindè ac cadaver » se retrouve dans les Sociétés religieuses musulmanes. Mais ce qui dans un ordre groupé, discipliné et célibataire, comme chez les catholiques l'ordre des Jésuites, est un élément de force, devient un élément de faiblesse dans un ordre laïque, dispersé et dont les membres sont mariés, comme celui des Senoussii par exemple. D'autre part le caractère arabe, indolent et fataliste, prend prétexte de l'abdication de la volonté individuelle pour accepter tout, aussi bien la soumission aux Français qu'aux chefs religieux. « La lutte contre les Infidèles, quand on n'est pas sûr du succès, est une folie » dit à peu près un précepte musulman.

L'ordre des Senoussii, le plus dangereux pour nous, et dont le centre actuel est à Djerboud dans la Cyrénaïque, a été fondé par un Arabe de Mostaganem mort en 1859. Si-el-Madhi, son fils (ne pas confondre avec le Madhi Soudanais), lui a succédé comme chef. « Il est très hostile aux Français qu'il veut chasser de l'Algérie, berceau de sa famille, » dit M. Fernand, interprète militaire.

Cette Société prend, depuis 1871, son mot d'ordre à Constantinople. Elle est mêlée par suite à toutes les intrigues de la politique européenne, et par cette société, le contrecoup des événements qui se déroulent sur le continent d'Europe se fait sentir en Afrique. En tant que puissance musulmane nous avons donc le plus grand intérêt à l'abaissement du sultan de Constantinople, chef reconnu de l'Islam. Tout coup porté à son autorité consolide d'autant notre puissance en Afrique.

Les Senoussii ont soumis à leur influence les Touaregs du Sahara : d'où massacre de la mission Flatters. On a les preuves écrites que des instructions furent demandées par les Touaregs aux agents turcs, lors du premier voyage du colonel, dans lequel l'expédition n'échappa à la mort qu'en rebroussant précipitamment chemin sur Ouargla.

Mais les tribus du Sahara algérien étant ennemies des Touaregs, les Senoussii ont perdu du terrain en Algérie. Des scissions se sont produites. En outre, les Marabouts arabes sont jaloux des Ordres, qui leur enlèvent leur clientèle, et parmi les Khouans beaucoup ménagent les deux partis.

D'ailleurs, il n'y a pas de nationalité indigène en Algérie. Il n'y a même pas de nationalité berbère, encore moins de nationalité arabe. L'esprit religieux n'a même jamais réussi à grouper entièrement des éléments ennemis les uns des autres. Certaines tribus indigènes nous ont toujours aidé en hommes et en argent depuis que nous sommes dans le pays. Quant au fanatisme c'est par l'école qu'on le détruira.

Dès à présent, nous pouvons amener les Indigènes à nous, à la condition de respecter leurs coutumes. On devrait faire une législation spéciale aux Indigènes de l'Algérie, non pour cette raison spécieuse qu'à des pays différents en latitude il faut des lois différentes. Géographiquement en effet, il n'y a pas plus de différence entre l'Algérie et la France qu'il n'y en a entre les parties de cette même France, entre la Provence, par exemple, et la Flandre. Et entre les populations algériennes et les Français, la différence n'est pas plus grande que, chez les Français mêmes, entre les Bretons et les Corses au jour de leur réunion à la Mère patrie. Les uns et les autres sont cependant très Français. Même aujourd'hui le paysan breton, catholique fervent, est intellectuellement tout aussi loin du libre-penseur Parisien que le Kabyle. Le Breton est pourtant aussi bon Français que le Parisien. Avec le temps et les écoles, on fera du Kabyle un Français. Un Français musulman, voilà tout.

La différence de religion est la seule cause pour laquelle nous devons faire des lois spéciales aux Indigènes. Beaucoup ne demandent qu'à devenir Français. Notre naturalisation ordinaire les effraye. Il leur faut, en effet, renoncer à leur statut personnel. Leur famille est organisée autrement que la nôtre, leur vie est autrement réglée, leurs héritages sont régis par d'autres lois. Légalement ils sont polygames : laissons-leur la faculté, (dont ils usent rarement, mais à laquelle ils tiennent), de posséder plusieurs femmes.

Créons pour eux une naturalisation spéciale, comme une naturalisation à deux degrés :

1º Ceux qui deviendraient Français sans abandonner leur statut personnel, seraient assujettis au service militaire, et s'ils savaient lire et écrire seraient électeurs et éligibles aux conseils généraux et municipaux.

2º Ceux qui abandonneraient leur statut personnel jouiraient de tous les droits et seraient astreints à toutes les charges dont jouissent et auxquelles sont astreints les autres Français.

Mais il importe au préalable d'organiser l'école française à l'usage des musulmans et de les soustraire à l'enseignement de la Zaouia et de la Medressa, tel qu'il est donné actuellement dans ces établissements. La Zaouia, c'est quelque chose comme le couvent catholique du moyen-âge ; on y héberge, on y apprend même à lire. Je dis même à lire, car le jeune musulman qui sort de la Zaouia ne sait lire que dans le livre qu'il a eu entre les mains. Les élèves sont assis en cercle et répètent, jusqu'à ce qu'ils les sachent par cœur, des formules du Coran inscrites sur des tablettes. Si on leur présente d'autres mots que ceux de leurs formules ordinaires, ils sont incapables de les lire. Et ceux qui savent quelque peu ne tardent pas à oublier. Et les Zaouia sont à peu près les seules écoles primaires qui existent pour les Indigènes ; nos écoles, à nous, n'étant pas installées dans les centres ruraux de population musulmane ne peuvent être fréquentées par les petits Indigènes.

La Medressa indigène a la prétention d'être l'école supérieure. Des prêtres musulmans y enseignent la théologie et la jurisprudence. Ni esprit scientifique, ni méthode : on s'y occupe de subtilités et d'arguties. L'enseignement est à peu près celui des Universités catholiques au xiie siècle. Ces écoles sont pourtant subventionnées par le gouvernement français ! Quant aux Facultés et écoles supérieures françaises qui existent à Alger,

elles sont hors de la portée de l'intelligence des Indigènes. C'est par l'instruction primaire qu'il faut
commencer, c'est par en bas qu'il faut tenter de
régénérer le peuple musulman. L'aptitude à
apprendre ne se crée pas du jour au lendemain.
Elle s'acquiert par la sélection et l'hérédité.
Depuis des siècles, les Musulmans ont négligé
l'instruction. Aujourd'hui leur cerveau ne peut
saisir, dès la première génération, nos déductions
scientifiques et nos hautes conceptions historiques ou philosophiques. De leur sauvagerie et
de leurs idées « médiévistes » à nos procédés
perfectionnés d'instruction, à notre éducation
libérale, le saut est trop brusque. La transition
manque. Les quelques musulmans algériens qui
suivent nos cours de droit, de science ou de médecine sont d'une infériorité notoire sur leurs
condisciples européens. Ce n'est pas qu'ils soient
plus bêtes qu'eux ; seulement ils ne peuvent pas
« apprendre. » Ils le sentent et se rebutent.

Il faut donc peu à peu en leur enseignant
d'abord des notions élémentaires, les amener au
bout d'une génération ou deux, à pouvoir suivre
avec fruits les cours de notre enseignement
secondaire et supérieur.

D'ailleurs les Kabyles demandent qu'on leur
envoie des instituteurs. Mais, en hommes prati-
ques, c'est surtout l'instruction technique qui les
séduit. Les procédés perfectionnés de culture,
les meilleures manières d'aménager la terre leur
paraissent les choses les plus importantes à
apprendre.

Les dépenses que l'on fera pour l'instruction

populaire musulmane ne seront pas des dépenses vaines, car elles serviront à franciser le pays. Et le pays se francisant davantage nous aurons besoin de moins d'hommes pour le garder. Et même maintenant, en augmentant le nombre des gendarmes, qui est proportionnellement moindre qu'en France, on pourrait ramener en France les troupes de ligne détachées en Algérie et en Tunisie. 10 gendarmes en effet font plus pour la sécurité d'un pays que 500 soldats.

Ceux des indigènes qui ont servi dans notre armée sont des auxiliaires précieux pour la francisation du pays. Ceux-là sont devenus tout à fait Français. Il y a entre eux et nous cette solidarité du drapeau, ce lien moral qui se crée entre compagnons d'armes, quand on a traversé ensemble une longue période de fatigues et quelquefois de dangers. Les anciens tirailleurs que j'ai rencontrés m'abordaient avec cette phrase : « Moi aussi, soldat français! » Et si la conversation se prolongeait, ils ne manquaient pas de me dire : « Je voudrais bien marcher contre les Brissiens (Prussiens). » Les Kabyles surtout ont la haine du Prussien. Peut-être obéissent-ils aux mêmes sentiments qu'Abd-el-Kader, portant fièrement après nos défaites le grand cordon de la Légion d'honneur et faisant en toute occasion montre de sentiments français. Une atteinte à la puissance de la France qui l'avait vaincu, lui semblait un amoindrissement de son propre prestige et de sa propre valeur.

Chez les Kabyles cette idée se complique du ressentiment causé par l'extermination des trois régiments de tirailleurs de l'armée du Rhin et du souvenir des souffrances endurées par les « turcos » prisonniers en Allemagne. Aussi, les Kabyles ajoutent-ils souvent un qualificatif énergique au mot Prussien. Ils disent : « Brissiens, sales bêtes! »

Les voyageurs qui viennent dans le pays avec l'intention d'y faire, pour leur propre instruction, une enquête personnelle sur la situation matérielle et morale de l'Algérie, sont très frappés des progrès de la francisation. Dans le Tell, ils n'entendent parler que français, dans les villes ils remarquent avec surprise que les marchands Maures, avec qui ils causent, connaissent souvent notre histoire nationale mieux que nos paysans de France, ils entendent des catégories d'Indigènes s'étonner qu'on ne les naturalise pas, et eux aussi finissent par partager la conviction des colons : qu'aujourd'hui, le Tell est à l'abri de tout mouvement insurrectionnel sérieux. Il est devenu une terre française et bien française. Sans doute, tout n'est pas fini, il y a encore bien des parties inachevées dans l'édifice ; mais le gros œuvre est fait, et ils reviennent en France pleins d'admiration pour le génie colonisateur de la France et convaincus que le salut pour la race française est en Afrique !

CHAPITRE XI

LA FRANCE D'AFRIQUE

Orientation nouvelle de la politique française par suite de la colonisation de l'Algérie. — Quelques chiffres. — Un discours de M. *Tirman*. — L'Algérie jugée par le Russe *Tchihatcheff*, l'Allemand *Rholfs* et l'Anglais *Grant Allen*.

Ç'a été un grave événement dans l'histoire nationale de la France que l'occupation d'Alger en 1830. Je ne sais si, jusqu'à présent, on s'est bien rendu compte de ce fait, que l'orientation politique de la France en a été profondément modifiée. Le processus de son développement territorial a été porté du même coup du nord au midi : les tendances, les aspirations de ses hommes d'Etat ont été non plus, comme précédemment, de réparer les suites du traité de Verdun de 843, et de reconstituer l'ancienne Gaule, mais de fonder sur le bord méridional de la Méditerranée, à 800 kilomètres de Marseille, une Colonie qui plus tard deviendrait la nation même.

Or, sur le continent européen, l'unité française n'était pas faite : hors de France, des populations de race, de langue, de traditions françaises, vivaient isolées. Ces populations avaient tout récemment encore fait partie de la France. Sous la Révolution, les tronçons épars de la Gaule s'étaient ressoudés. C'était si bien l'Etat gallo-romain qui se reformait, qu'il avait été question pour la nouvelle République de reprendre le vieux nom gaulois.

Le jour où la flotte française débarqua une armée à Sidi-Ferruch, il y avait à peine 15 ans que l'or anglais et les baïonnettes étrangères — russes, autrichiennes et prussiennes — avaient une fois de plus détruit l'unité gauloise. Les souvenirs étaient encore si récents et si vivaces, que sans la timidité et la faiblesse de Louis-Philippe, l'union franco-belge se refaisait à nouveau.

L'Afrique du Nord à conquérir, 100,000 hommes et plus immobilisés en Algérie empêchèrent par la suite nos diplomates de s'occuper efficacement de la frontière du Rhin. De Paris on suivait attentivement les événements qui se déroulaient sur l'autre rive de la Méditerranée, et l'on se préoccupait peu de ceux qui se préparaient à l'est de nos frontières européennes. L'Italie fait son unité, l'Allemagne complète la sienne ou à peu près : la France seule ne l'achève pas. Elle manque l'occasion, laisse passer l'heure et l'unité française ne se fera probablement plus, à moins que, à la suite d'un de ces réveils comme on en a déjà vu dans notre race, il ne se forme une République fédérative entre les Etats de langue française.

Non seulement la France, occupée à étendre

son empire musulman, ne prend pas de mesures défensives vis-à-vis des nationalités nouvelles qui se groupent menaçantes autour d'elle, mais elle aide même ces nationalités à s'organiser. Et quand elle s'aperçoit enfin de la faute qu'elle a commise en Italie et en Allemagne, il est trop tard. Elle est devenue une puissance plus maritime que continentale et elle a éparpillé ses forces dans des expéditions folles et qui ne pouvaient rien rapporter, comme celle du Mexique.

La faible augmentation de la population en France rend plus mauvaise encore cette situation. Nos voisins croissent chaque année par centaines de mille. Le danger est devenu sérieux, les forces numériques ne s'équilibrent plus. Nos hommes d'Etat perdent la tête : il leur faut à tout prix la frontière du Rhin pour se garantir contre une attaque inévitable de l'Allemagne, *et continuer à jouer un rôle en Europe*. Mais ils discutent au lieu d'agir et on a le lamentable spectacle de la confusion et de l'indécision des dix dernières années de l'Empire : sénatus-consulte de 1863, qui désorganise l'œuvre déjà avancée de la colonisation en Algérie, négociations à propos de la Belgique, du Luxembourg, de Mayence, neutralité forcée après Sadowa faute d'une armée à mettre en bataille.

Bref, la ligne du Rhin n'est pas conquise et nous perdons même des positions défensives importantes.

Mais il s'agit précisément de savoir quel vaut mieux pour la France de la frontière du Rhin ou de l'empire de l'Afrique du Nord ? La question posée en ces termes est facile à résoudre.

Notre situation géographique nous condamne à être à la fois un peuple continental et un peuple maritime. Nous avons à surveiller en même temps la mer et le continent.

Mais si nous n'avions pas l'Alsace et la Lorraine à reprendre à l'Allemagne, la sagesse politique consisterait pour nous à nous désintéresser le plus possible des événements européens et à ne pas prendre parti dans les querelles continentales qui ne toucheraient pas directement nos intérêts. L'Alsace-Lorraine redevenue française, nous devrons nous borner à un rôle défensif en Europe et employer nos forces à développer la nouvelle partie de la France qui naît dans l'Afrique du Nord. En Europe le flot allemand, le flot italien, chaque jour plus hauts, nous entourent. Au dehors les Anglo-Saxons et les Slaves s'accroissent prodigieusement. Sous peine de mourir d'étouffement, il faut que nous croissions, il faut que la France devienne la « Plus Grande France ». Cet accroissement ne peut se faire en Europe. Quand bien même l'unité française s'achèverait, notre territoire ne s'accroîtrait que de quelques dizaines de milliers de kilomètres carrés, notre population n'augmenterait que de quelques millions d'hommes, accroissement et augmentation qui certes sont à souhaiter, mais qui pèseraient relativement peu dans la balance de nos destinées futures.

Or, un fait remarquable, c'est que le Français infécond par calcul dans la France d'Europe, devient très prolifique dans les Frances d'outre-mer : témoins les Franco-Canadiens et les Franco-Algériens.

Il nous faut donc, sous peine de voir notre influence dans le monde décroître progressivement, sous peine d'être refoulés sur nous-mêmes, nous développer par la fondation de nouvelles provinces françaises au dehors. Il faut créer et diriger l'émigration française sur nos colonies de peuplement, sur l'Afrique du Nord!

C'est un fait depuis longtemps constaté que plus les nations colonisent, plus elles deviennent fortes. Non seulement des pays nouveaux sont ouverts à leur influence, à leur langue, à leurs mœurs, à leur sang, mais une plus grande natalité se produit dans la mère-patrie; le commerce, l'industrie, l'énergie individuelle, l'esprit d'initiative grandissent dans une large mesure.

Nous avons dans l'Afrique du Nord des pays merveilleux. Si nous savons y pratiquer une politique d'assimilation lente et progressive, conforme d'ailleurs au génie de notre race, ces pays s'uniront étroitement à nous. Nous rétablirons en notre faveur l'équilibre rompu en 1870. La France verra encore de beaux jours.

Au point de vue pittoresque, l'Algérie est une des plus belles contrées qu'on puisse parcourir, une des plus riches au point de vue économique.

Dans le département d'Alger, le massif de l'Ouarensenis, les gorges de la Chiffa, le massif Kabyle, certaines parties des Hauts Plateaux offrent tour à tour les points de vue les plus divers. Le Tombeau de la Chrétienne, les villes romaines, les aqueducs étonnent par leur masse. Les phares, les ports, les routes, les chemins de fer, les barrages pénètrent d'admiration pour la France qui a accompli tant de travaux en moins d'un demi-siècle. La prodigieuse fertilité du sol, les vignes, les céréales, les orangers, les oliviers, les eucalyptus, les chênes-liège, les mines de toutes sortes, même de houille* remplissent de confiance en l'avenir d'un tel pays. Veut-on quelques chiffres. M. *Tirman*, gouverneur général, dans un discours prononcé à l'ouverture du Conseil général nous les fournit :

« Du 1er janvier 1883 au 31 décembre 1886, le domaine de l'autorité civile s'est accru d'une superficie de 2 millions d'hectares comptant une population de 500,000 habitants...

« Après de longues hésitations et de longues résistances, on a enfin adopté le mode d'aliénation des terres, auquel plusieurs des Colonies étrangères, notamment celles de l'Amérique anglaise, doivent leur rapide développement. Depuis mon arrivée en Algérie, la vente aux enchères a été la règle constamment suivie pour les lots de ferme. De 1882 à la fin de l'année 1886, 1,072 lots ruraux, d'une superficie de 43,000 hectares, et dont les mises à prix s'élevaient à 1,283,000 francs ont été adjugés pour la somme totale de

---

* On a trouvé de la houille à Marceau, près de l'Ouarensenis (département d'Alger). La mine a été concédée pour une période provisoire de deux années, mais aucune étude sérieuse n'a été faite. Il y en a aussi dans le Djebel-Amour et à Bou-Saâda. A Bou-Saâda, une société s'était constituée. Le directeur étant mort, des difficultés surgirent et les travaux furent suspendus.

2,028,000 fr. J'ajoute que des terres, dont l'attribution gratuite avait été précédemment refusée par des demandeurs en concession, ont été vendues à bon prix. De ce fait se dégage un enseignement qui confirme l'observation que j'émettais tout à l'heure.

« On voit que la valeur de la terre en Algérie commence à être appréciée et que, en continuant à procéder comme nous l'avons fait depuis 6 ans, on assurera des ressources de plus en plus importantes à la future caisse de colonisation.

« Le projet que, d'accord avec vous, j'avais soumis au Gouvernement, en vue de modifier la loi du 26 juillet 1873 (sur la constitution de la propriété privée parmi les Indigènes), a, depuis notre dernière session, reçu la sanction législative. La loi nouvelle vient, à son tour, d'être complétée par un décret qui fixe les conditions dans lesquelles il doit être procédé, partout où elles n'ont pas déjà été accomplies, aux deux premières opérations prescrites par le senatus consulte de 1863. Aux formalités compliquées, imposées par l'ancien règlement, le décret récent substitue une procédure très simple et de nature cependant à garantir tous les intérêts.

« Pendant les 5 dernières années, les titres de propriété ont été délivrés dans 93 douars, embrassant une superficie de plus de 700,000 hectares.

« Je vous ai déjà signalé l'importance des ressources que le Domaine pourrait retirer de l'application de la loi de 1873, par suite de la dévolution qui lui est faite des biens vacants et sans

maîtres. Pendant l'année écoulée, les terrain
attribués à l'Etat, dans les territoires pour les
quels les titres de propriété sont devenus défini
tifs, représentent une superficie de plus de 20,00
hectares. De tels résultats permettent d'appréci
l'intérêt que présente la constitution de la pr
priété, au point de vue des ressources affectées
la colonisation.

« Entre autres résultats obtenus pendant
période que je passe rapidement en revue, l'
des plus importants est sans contredit l'établiss
ment de l'état-civil des Indigènes. Le désor
qui a trop longtemps régné à cet égard, d
l'état social du peuple arabe, aura enfin un t
me. Dès que les crédits nécessaires nous ont é
alloués, nous nous sommes mis à l'œuvre po
assurer l'exécution de la loi du 23 mars 1882.
ce jour, les opérations sont terminées dans 87 t
ritoires comprenant 263,000 habitants.

« Les progrès de l'agriculture se lient tr
étroitement à la prospérité de l'Algérie p
n'être pas l'objet de la sollicitude constante
l'administration. Dans un pays assez souv
éprouvé par la sécheresse, l'eau est la premiè
des richesses et tous nos efforts doivent tendr
n'en pas laisser perdre la plus minime quanti
toutes les fois que le travail de l'homme peu
retenir au profit de l'agriculture.

« Mais il ne suffit pas de construire des b
rages-réservoirs, il faut encore les défen
contre les causes de destruction que plusie
désastres ont révélées. Dans ce but il importe
régulariser les cours d'eau dans la partie su

rieure de chaque bassin, d'effectuer des reboise-
ments dans des endroits convenablement choisis,
enfin, de construire dans les principaux ravins,
des barrages de correction qui, outre le rôle
qu'ils joueraient dans le système général de
défense, permettraient de dériver les eaux sura-
bondantes au profit de l'irrigation des terres
voisines.

« Actuellement nos forêts coûtent 3 ou 4 fois
plus qu'elles ne rapportent. Bien aménagées,
elles devraient, d'après un inspecteur général
du service, produire une centaine de millions par
an. En admettant que ce chiffre soit considéra-
blement exagéré, il n'est pas moins certain que,
si notre immense domaine forestier était mis
en valeur, il pourrait être la source de revenus
considérables...

« Nous disposions, pour lutter contre le phylloxéra, d'une arme précieuse que la loi du 28
juillet 1886 a rendue plus puissante encore. A
peine était-elle votée que les viticulteurs en
réclamaient l'exécution et ... facilitaient l'établissement de la taxe dont le produit doit faire face
aux dépenses d'une organisation qui est maintenant reconnue excellente.

« Partout les visites ont été effectuées avec le
plus grand soin, et elles n'ont amené la décou-
verte que d'un seul centre contaminé, à la Calle,
où le phylloxéra existait depuis plusieurs années.

« Dans les périmètres déclarés infectés, les
travaux d'extinction des taches et de protection
des vignobles indemnes ont été poursuivis sans
interruption. Les fouilles que l'on a faites, pour

se rendre compte des résultats obtenus, ont permis de constater que pas un seul insecte ne subsistait. On peut donc considérer comme radical le traitement adopté. S'il était permis de conclure, d'après une expérience de trois ans, non seulement les régions indemnes peuvent être maintenues à l'abri de l'invasion, mais encore en continuant à défendre le vignoble pied à pied, le tribut à payer chaque année au phylloxéra serait trop peu important pour inspirer des inquiétudes sur l'avenir viticole de l'Algérie...

« De 1881 à 1886, la population rurale européenne s'est accrue d'un tiers, et la valeur du matériel agricole qu'elle possède est montée de 15 à 21 millions; l'étendue de notre vignoble a triplé; la récolte du vin qui n'avait été que de 228,000 hectolitres en 1881, a atteint, en 1886, près de 1,700,000 hectolitres et a présenté, en 1887, une augmentation de plus de moitié sur ce dernier chiffre. Ainsi, en six ans, les revenus que la Colonie a retirés de la culture de la vigne ont presque décuplé ! J'ajoute que la qualité des produits, qui au début, avait laissé à désirer, s'est rapidement améliorée. Aujourd'hui certaines marques sont recherchées tant à l'étranger que sur le marché français. Les nombreuses récompenses obtenues par nos viticulteurs aux concours ou expositions de Paris, Rouen, Anvers, Nice, Liverpool et du Hâvre ont définitivement consacré l'existence et la valeur du vignoble algérien.

« Le commerce général qui, pour la période

de 1877-81, était représenté par un chiffre total de 2 milliards 100 millions de francs, a atteint pendant les années 1882 à 1886, 2 milliards 335 millions, sur lesquels 556 millions s'appliquent aux relations avec l'étranger et 1 milliard 779 millions aux échanges avec la France.

« Notre réseau de voies ferrées ne comptait au 31 décembre 1881 que 1,340 kilomètres en exploitation; sa longueur est aujourd'hui de plus de 2,000 kilomètres et elle s'accroîtra de 1,230 kilomètres lorsque les lignes actuellement en construction seront achevées.

« Les recettes des railways ont naturellement suivi la même progression. De 1877 à 1881 elles n'avaient pas atteint 48 millions; pendant les 5 années suivantes elles ont dépassé 89 millions.

« Nous ne comptions en 1881 que 263 bureaux de poste et 166 bureaux télégraphiques ; aujourd'hui, nous possédons 415 des premiers et 250 des seconds.

« On avait longtemps demandé le développement des relations postales entre la France et l'Algérie. Ce vœu a été largement exaucé. Un service quotidien a été établi entre la Métropole et Alger, et le service a été amélioré en ce qui concerne les départements d'Oran et de Constantine.

« Cet important progrès a été réalisé sans qu'il en résultât un nouveau sacrifice pour le Trésor. Dû à l'initiative des Compagnies de navigation, il atteste le développement de nos relations avec la Métropole.

« Si l'accroissement des revenus publics est

l'expression synthétique du développement d'un pays, quelques chiffres vous permettront de vous rendre compte des progrès réalisés pendant les cinq dernières années.

« De 1882 à 1886 les produits de l'enregistrement, des domaines et du timbre ont donné, par rapport à la précédente période, une plus-value totale de plus de 10 millions ; les droits de douane ont monté de 33 à 43 millions ; les taxes postales et télégraphiques de 11 à 16 millions ; enfin, dans leur ensemble, les recettes ordinaires du Trésor ont augmenté de plus de 37 millions.

« Si la richesse publique s'est fortement accrue, la fortune privée n'est pas encore assez solidement assise. Beaucoup de nos colons n'ayant pu s'établir qu'à l'aide du crédit, une grande partie du produit de leur travail est absorbée par l'amortissement des emprunts qu'ils ont contractés. Au moment où s'agite la question d'un nouveau régime foncier à appliquer à l'Algérie, il m'a paru intéressant de rechercher quelles étaient, de ce chef, les charges de la propriété. Au 1er mars 1887 elle subsistait, en chiffres ronds, 60,000 inscriptions d'hypothèques judiciaires s'appliquant à des créances qui s'élèvent à 104 millions, et 69,000 inscriptions d'hypothèques conventionnelles garantissant une somme totale de 604 millions, dont 300 grèvent la propriété bâtie et 304 la propriété non bâtie.

« Je constatais tout à l'heure le développement que l'Algérie a acquis pendant les cinq dernières années écoulées. Il importe d'ajouter que l'élément européen n'y a pas participé seul.

Dans le cours de cette période la population musulmane a augmenté de plus d'un septième ; la valeur de son matériel agricole de près d'un cinquième ; le cheptel qu'elle possède s'est enrichi de plus de 5 millions de têtes de bétail ; enfin la moyenne de sa production en céréales s'est élevée à près de 13 millions 1/2 de quintaux métriques.

« Je vous ai fréquemment signalé les vices de notre système budgétaire. Ils tiennent surtout à l'éparpillement de nos crédits dans les divers budgets ministériels, à leur instabilité et à leur insuffisance.

.... « Si nos recettes et nos dépenses formaient réellement un budget, on saurait exactement ce que produit et ce que coûte la Colonie, et nous ne serions pas exposés à ce qu'on nous reprochât, comme on l'a fait, d'imposer à la Métropole, pour nos garanties d'intérêt, un sacrifice annuel de 25 millions, alors que les paiements n'ont jamais atteint la moitié de ce chiffre.

« L'instabilité des crédits interdit tout esprit de suite. Ne pouvant exécuter d'un seul jet les travaux importants, nous sommes obligés pour parer au plus pressé, de répartir nos ressources entre un grand nombre d'entreprises. Si, au lieu de disperser nos efforts, nous pouvions les concentrer sur quelques points, nous irions plus vite, ferions mieux, dépenserions moins.

« ..... Les recettes ordinaires peuvent être évaluées pour l'exercice 1888 à 40 millions, chiffre supérieur à celui des dépenses civiles, dans lequel je ne comprends pas les annuités pour le

remboursement d'avances faites autrefois à l'E-
tat, et les garanties d'intérêt assurées aux Compagnies de chemin de fer.

« ..... De 1870 à 1885, la progression des
recettes a été en moyenne de 1,500,000 francs
par an. »

Tel était le tableau que M. *Tirman* traçait de
l'Algérie à la fin de 1887. Il y a encore en Algérie de la place pour bien des émigrants français.
D'immenses étendues de terre sont en friches,
en vaine pâture, en broussailles. La faible population, relativement à la superficie, et aussi l'incurie et l'ignorance des Arabes en sont la cause.
Un cultivateur qui va là-bas avec l'intention de
travailler a donc de très grandes chances de
réussir. Demandez aux étrangers qui ont visité
le pays et vous entendrez avec quelle admiration
ils vous parleront de notre Algérie. Vous croyez
peut-être que j'exagère : écoutez le voyageur
russe *de Tchihatcheff* :

« La marche constamment progressive que
présentent en Algérie toutes les branches de
l'industrie nationale, dit-il, doit nécessairement
faire supposer un développement analogue des
travaux d'utilité publique et des mesures tuté-
laires du gouvernement ; car de tels progrès dans
le mouvement industriel sont impossibles sans
voies de communication, sécurité, garanties de
l'indépendance individuelle, multiplication de
centres de population européenne, et enfin organisation de l'instruction publique. Or, c'est en
effet ce qui a lieu, car sous tous ces rapports
l'Algérie marche à pas de géants. Au reste, pour

le prouver, il suffirait de rappeler le vaste réseau de routes et de ports embrassant la surface du pays, les nombreuses voitures publiques qui le traversent en sens divers, la parfaite sécurité qui y règne et pourrait servir de modèle à bien des pays de l'Europe, tels que l'Italie, l'Espagne et la Grèce, l'application impartiale des lois aux populations de toute race et de toute croyance, enfin le remarquable esprit de tolérance religieuse bien plus largement et plus rigoureusement exercé que dans la plupart des Etats européens les plus civilisés. »

Et M. *de Tchihatcheff* ajoute :

« L'ébauche que je viens de tracer de l'état actuel de l'Algérie suffit pour faire apprécier l'importance de cette contrée... Désormais les plus opiniâtres détracteurs de la France n'oseront plus lui adresser le reproche de ne point posséder l'esprit colonisateur, reproche qui, malheureusement, a été répété plus souvent par les Français que par les étrangers, peut-être parce que les premiers *parlaient souvent de ce qu'ils n'avaient pas vu,* tandis que les derniers se donnaient au moins la peine d'observer le pays sur les lieux mêmes... L'on pourrait citer parmi les voyageurs étrangers récents le célèbre explorateur allemand *Rholfs* déclarant que « quiconque a pu voir, comme lui, les prodigieux travaux exécutés par les Français en Algérie, n'éprouvera qu'un sentiment de pitié pour ceux qui, en présence de toutes ces œuvres admirables, oseraient encore prétendre que les Français ne savent pas coloniser.

« Contrairement à l'opinion fréquemment pro-
duite, je crois avoir démontré, par des preuves
irrécusables, que sous le rapport de la colonisation, la France n'a rien à envier aux nations les
plus privilégiées, et que l'œuvre accomplie dans
l'Algérie n'a été surpassée nulle part et que très
rarement égalée. » (*Mittheilungen* de *Petermann*,
t. 22 p. 250.)

Veut-on maintenant l'opinion d'un Anglais ?
M. *Grant Allen*, un littérateur de talent, a passé
l'hiver en Algérie, et voici comment il résume ses
impressions :

« L'Angleterre n'apprécie pas encore à sa
valeur, dit-il, la grandeur et l'importance de
l'œuvre accomplie par la France, pour le compte
de la civilisation, sur la côte de Barbarie. Accou-
tumés comme nous le sommes à pénétrer men-
talement au cœur de l'Afrique par la voie du
Nil, du Congo ou du Zambèze, nous sommes
trop portés à rabaisser le travail moins bruyant
peut-être, mais plus sûr et plus durable, que la
France poursuit en Algérie et à Tunis, — que
de misérables jalousies ne devraient à aucun
prix l'empêcher de poursuivre au Maroc. Mais
tout observateur impartial des merveilleux résultats obtenus par un demi-siècle d'occupation
française au nord de l'Afrique sera obligé de
convenir que cette occupation est le *plus grand
des bienfaits* pour le continent noir, et que la
civilisation implantée à Alger rayonne déjà et
s'infiltre rapidement au delà du désert même.

« Les Français sont de piètres colonisateurs,

dit-on volontiers. Cela peut être vrai, seulement en ce sens que la France n'est pas une mère de colons assez féconde. Les ruches trop pleines sont les seules qui essaiment. Il ne manque à la France que ce trop plein de population, cet excès qui se porte naturellement au dehors ; car, pour l'énergie, pour la patience, pour le talent organisateur, il n'y a pas de colonie britannique qui puisse montrer rien d'analogue à ce qu'on admire en Algérie.

« Comparez, par exemple, la région d'Alger et de dix milles à la ronde aux régions de Montréal ou de Toronto : vous verrez si la comparaison a rien de flatteur pour les fameuses facultés colonisatrices de l'Anglo-Saxon ! Cette région d'Alger, c'est simplement une tranche d'Europe plaquée sur le rivage africain. Ici, point de cases de bois ni de constructions éphémères : tout est établi avec une solidité, un fini absolument européens. Les vignes sont pareilles à celles de la Côte-d'Or et de la Gironde. Les routes sont les admirables voies que trace, pour l'éternité, l'ingénieur français. Les ponts, les murailles, les bâtisses de tout genre, les travaux d'art montrent partout cette élégance et cette perfection qui sont comme la marque nationale. Il n'y a pas, à ma connaissance, dans une seule colonie anglaise, une ville qui ressemble autant à la mère-patrie qu'Alger, avec ses majestueux boulevards et ses boutiques splendides, ressemble à Marseille. A vrai dire, l'Algérie tout entière peut être réellement considérée comme formant trois départements français qu'un accident sépare du reste de la République par la largeur de la Méditerranée ; et la Tunisie est déjà en train de prendre le même aspect.

« Or, il importe de considérer que les Français ont eut ici à lutter, non seulement contre les difficultés résultant de la nature du sol, mais contre une race hostile, contre une religion farouche et contre une civilisation inférieure, à coup sûr, mais qui avait poussé de profondes racines. Et pourtant, en dépit de ces obstacles, ils ont réussi. Si bien réussi qu'à Alger, au milieu des palmiers et des aloès, des mosquées et des Arabes, des rues maures et des mendiants orientaux, le voyageur se prend à tout instant à oublier qu'il n'est pas en France, tant la vie est douce et commode : et c'est en sursaut qu'il revient à la réalité, pour se dire qu'il se trouve en Afrique.

« L'Europe de nos jours est un peu lasse des annexions africaines, qu'elles soient effectuées par le négociant armé en flibustier ou par le missionnaire belligérant. Tous les amis de la paix ont appris à voir avec défiance « l'extension de l'influence britannique » aussi bien sous la forme de ballots de cotonnades que sous celle de ballots de fusils à tir rapide. Mais il n'y a rien, absolument rien d'analogue entre les usurpations injustifiables de nos colons au Zoulouland, par exemple, et l'œuvre accomplie par les Français en Algérie. Provoquée, forcée en quelque sorte par un outrage public, la France a mis la main sur un nid de pirates, ennemis de toute civilisation et de tout commerce, et, de ce chaos anarchique elle a fait, en quelques années, le paradis des agriculteurs et des manufacturiers. Ne mérite-t-elle pas la reconnaissance des nations pour cette tâche déjà plus qu'à demi réalisée ? Et n'a-t-elle pas droit, pour la mener à bien, à leur coopération cordiale ?

« Un splendide réseau de voies ferrées s'étend de la frontière du Maroc à la Goulette, sur une longueur de sept cents milles. Du tronc principal, des embrachements vont desservir Bône, Philippeville, Bougie et Oran ; un autre embranchement touche déjà le désert à Biskra ; un autre encore coupe le petit Sahara jusqu'à Méchéria ; et les ingénieurs français comptent le pousser quelque jour, non seulement jusqu'à Figuig, mais jusqu'au Niger ; de telle sorte qu'il n'y aura plus de Sahara, comme il n'y a plus de Pyrénées. Tout se prépare donc pour répandre la civilisation européenne dans le nord de l'Afrique ; la récolte, pourrait-on dire, est mûre : il ne manque que les moissonneurs, — je veux dire les colons, qui sont loin d'être assez nombreux.

« Il faut que ces colons viennent, et ils ne peuvent pas tarder longtemps. Tout les convie à se porter en Algérie : la richesse du sol, la douceur du climat, l'étendue des côtes, l'avantage d'une position géographique sans rivale au monde. Les capitaux et les habitants ne sauraient manquer indéfiniment à une terre qui se trouve à vingt-huit heures de Marseille et qui est aussi opulente que l'Ouest américain en sol vierge et en produits latents. »

FIN

TABLE DES MATIÈRES

Bergerac. — Imp. Nouvelle BOISSERIE FRÈRES.

PETITE BIBLIOTHÈQUE POPULAIRE

Depuis quelque temps, les publications à bon marché sont répandues et se vendent par centaines de mille. Leur succès, du reste, n'était pas douteux, car elles répondent à un besoin de notre époque.

L'instruction donnée à tous a généralisé le goût de la lecture, et il faut que le livre utile et attrayant puisse, tout comme le journal, pénétrer dans les milieux les moins favorisés de la fortune.

Le bon marché est une condition indispensable de succès, en dehors de la valeur même des publications et du nom de leurs auteurs.

Ces considérations ont conduit l'Editeur à fonder la *Petite Bibliothèque Populaire*, créée pour le grand public, dans l'intention de vulgariser à son profit les connaissances historiques, économiques et de tout ordre qui élèvent le niveau de l'instruction générale pratique et qui, en France, contribueront puissamment à la sauvegarde de tous nos intérêts nationaux, à la grandeur même de la Patrie française.

Au fur et à mesure de la publication des volumes, cette Petite Bibliothèque se trouvera ainsi composer plusieurs bibliothèques ou collections spéciales, ayant cependant toujours un intérêt général ; et bientôt, nous nous plaisons à l'espérer et nous ferons dans ce but tous nos efforts, elle ira prendre place dans toutes les demeures, chez le pauvre comme chez le riche.

Il sera mis en vente d'abord un volume chaque mois, très soigneusement établi, en caractères elzéviriens, contenant la matière d'ouvrages vendus 3 fr. 50 en librairie et d'un format extrêmement élégant.

Le prix des volumes est fixé à 65 centimes.

L'envoi en sera fait *franco* à toute personne qui enverra 85 centimes en timbres-poste.

SOUS PRESSE :

Les Colonies françaises, par Paul BERT et A. CLAYTON.

La Révolution française et la Colonisation, par ISAAC.

Les Catalans aux Dardanelles, au XIIIe *siècle,* par Germond de LAVIGNE.

Causeries Géographiques, par L. de CAMPOU.

VOLUMES PUBLIÉS :

Vie du général Hoche, par DUTEMPLE et LAUNAY.

Comment périssent les Républiques, par DE FONVIELLE.

En Océanie, par Aylic MARIN (illustr. par A. de BAR.)

EN VENTE A LA MÊME LIBRAIRIE :

Petit ATLAS COLONIAL, populaire et classique, in-4", 20 cartes. Prix, 1 fr. 75, par poste, 1 fr. 90.

Tableaux géographiques de la France, Prix, 75 c., par poste, 85 c.

La Géographie, journal hebdomadaire, 6 fr. par an, U. P., 7 fr 50.

Bergerac. — Imp. Nouvelle BOISSERIE FRÈRES.

www.ingramcontent.com/pod-product-compliance
Lightning Source LLC
Chambersburg PA
CBHW051245050726
47594CB00001B/314